改訂版

化 学
早わかり 一問一答

駿台予備学校講師
西村 能一

JN048583

*この本は、小社より2013年に刊行された『化学早わかり
　一問一答』の改訂版であり、最新の学習指導要領に対応させ
　るための加筆・修正をいたしました。
*この本には、「赤色チェックシート」がついています。

🏫 大学合格新書

「合格新書」はこんなシリーズです！

◎ハンディタイプ

ポケットに入る大きさなので，持ち運びに便利です。自宅学習のほか，通学途中や学校・図書館など，**時と場面を選ばずに使えます**。

◎スムーズな学習ができる

各テーマが**見開き2ページ完結**なので，短時間で要点をつかむことができます。一部，発展的な内容も含まれていますが，思いのほかサクサク進められます。

◎効率的に覚えられる

ページ全体を赤色チェックシートで覆うことにより，**覚えるべき事項をまとめて隠す**ことができます。シートを移動させる手間が少ないので，ストレスなく記憶できます。

◎日常学習から入試対策まで

学力の基盤となる用語や法則などが，全般的に収録されています。そのため，共通テストなどの大学入試対策のほか，定期テスト対策としても使えます。

◎多様な使い方ができる

単元ごとにテーマ立てされているので，授業の予習や復習に最適です。また，重要事項がコンパクトにまとまっているので，**試験直前の最終確認に威力を発揮**します。

◎最前線の情報

大手予備校講師が，最新の学習課程と入試傾向に基づいて執筆しました。著者の指導ノウハウが凝縮されているので，**抜群の学習効果**が期待できます。

この本の特長と使い方

☞ 本書は,「化学」の重要事項を,"一問一答"のスタイルによって理解・記憶・定着させていく問題集です。本書の構成の基本単位は「テーマ」であり,計130「テーマ」によって「化学」の全範囲をカバーしています。

また,1つの「テーマ」はすべて見開きのレイアウトとなっています。

☞ 見開きの左ページには,設問が掲載されています。

◆ 設問の冒頭には **A ～ C の3段階のレベル**が表示されています。

   A：**すべての学習者にとって必須の内容。教科書の太字レベル,および,学校の定期テストに出題される**レベル。

   B：**共通テスト受験者にとって必須の内容。共通テストにおいて8割の得点が可能なレベル,および,入試基礎～標準**レベル。

   C：**共通テストで9割以上の得点が可能な**レベル。および,**難関の国公立大・私立大受験者が到達しておくべき**レベル。

◆ 設問は,原則として,1つの問いに対して答えが1通りに決まる,文字どおりの"一問一答"式です。やさしい設問が中心ですが,いずれも**エッセンスをたっぷり含んだ良問**ぞろいです。

☞ 見開きの右ページには,「解答」と「解説」が掲載されています。

◆ ページの左側に「解答」が掲載されています。

◆ ページの右側にある「解説」は図や表,必要に応じて「ゴロあわせ」も使っているので,コンパクトなのにとてもわかりやすいものに仕上がっています。

は じ め に

◎他にはないニュータイプの参考書！

➡ 最初のページから解く必要はありません。自分が苦手としている『テーマ』からどんどん読んでいこう！

➡ 「語句」「語句の説明」「穴埋め」「選択」など、"一問一答"形式のさまざまなタイプの設問にし、効果的に覚えられるようにしています。

➡ 重要な語句だけでなく、重要な式（テーマ13／24／45など）や、重要な図（テーマ4／76／108など）もたくさん載せています。

➡ 反応式や物質が一覧になっているところ（テーマ29／36／63など）もあるので、辞書代わりに使ってね！

➡ 計算問題は基本的に有効数字2桁です。式の途中を穴埋めにしてあるので、計算用紙に書き込まなくても解けます。いつでも、どこでも気軽に開いて、式を立てるポイントをつかんでいこう！

◎『化学』はこうして攻略しよう！

➡ 第1章『物質の状態とその変化』（テーマ1〜27）は結晶・気体・溶液といった身近に見られる物質の性質や化学現象について考える分野です。正確に理解していこう！

➡ 第2章『物質の変化』（テーマ28〜49）は、熱化学、電池・電気分解、反応速度と平衡といった分野で、第1章と同様、計算が主です。化学の計算を得意にするには、化学現象が起こる理由をちゃんと理解すること。公式に当てはめるのではなく、求めたい数値に向かって式を組み立てていくのです。単位を意識すると計算式を立てやすいぞ。

➡ 第3章『無機物質の性質と利用』（テーマ50〜83）は、覚え方にコツがある！　まずは気体の製法（テーマ63〜66）と金属イオンの沈殿（テーマ81, 82）を覚えて、似た性質や反応の特徴をつかんでいくと効率的だぞ！　その後、元素ごとの性質は"すき間時間"に少しずつ繰り返し覚えて定着させていこう。

➡ 第4章『有機化合物の性質と利用』（テーマ84〜107）は "形" が大事。化合物のどこが切れて，どこがくっつくのかを "形" で理解していくと，有機反応のルールが覚えられるぞ。

➡ 第5章『高分子化合物』（テーマ108〜130）は，複雑な構造が多いけれど怖がるな！　何度も書いていくうちに，特徴がつかめてくる。書くことをサボるな！

◎化学は暗記だ！

今まで授業中に，『考えれば解けるようになる』と教えてきました。その考え方は変わりません。でも，何を勘違いしたのか『あまり覚えなくても考えれば解ける』と思う人が増えたのです。でも物質の色とか，何が酸化剤になるかとか……覚えなくては浮かばないよね。

まず『必要なことは覚えよう』。そして，『覚えたことがしっかり説明できるように理解しよう』と。『暗記さえすれば解ける』のではなく，『暗記した知識をベースに考えて解く』なのです。

◎本はキレイよりボロボロのほうが使いやすい！

この一問一答だけで，化学の点数が取れるようにはなりません。手を動かして解くことが一番大事です。でも，すき間時間（電車の移動，休み時間など少しの時間）に暗記事項を効率よく覚えておくことで，問題に向かったときすんなり解けるぞ。それに，机に向かって一気に覚えるより，少しずつ繰り返し覚えていくほうが定着しやすいよね。だから，いつもカバンの中に入れておいて，気になったら目を通そう！

また，気づいたことはどんどん本の中に書き込んでいこう。ボロボロになるくらい使いこんだら，きっと化学が楽しくなる♪

◎最後に

少しでも多くの情報を入れたいと思い，なるべく余白をなくすよう，たくさん書きました。多くの人が使ってくれ化学が得意になってくれることを願っています。どこかで見かけたとき，声をかけてくれれば，いつでも応援コメントを書くよ！

努力・研精・質実・時習

西村　能一

も く じ

この本の特長と使い方　　　　　　　　　　　　　　　　3

はじめに　　　　　　　　　　　　　　　　　　　　　　4

周 期 表　　　　　　　　　　　　　　　　　　　　　11

第 1 章　物質の状態とその変化

テーマ 1　結晶の種類とその特徴　　　　　　　　　　12

テーマ 2　面心立方格子，体心立方格子，六方最密構造　14

テーマ 3　NaCl 型，CsCl 型イオン結晶　　　　　　　16

テーマ 4　イオン結晶の限界半径比　　　　　　　　　18

テーマ 5　分子結晶　　　　　　　　　　　　　　　　20

テーマ 6　共有結合結晶　　　　　　　　　　　　　　22

テーマ 7　拡散と粒子の熱運動，気体の圧力　　　　　24

テーマ 8　状態変化とエネルギー　　　　　　　　　　26

テーマ 9　物質の三態　　　　　　　　　　　　　　　28

テーマ 10　蒸 気 圧　　　　　　　　　　　　　　　　30

テーマ 11　ボイルの法則・シャルルの法則　　　　　　32

テーマ 12　ボイル・シャルルの法則　　　　　　　　　34

テーマ 13　気体の状態方程式　　　　　　　　　　　　36

テーマ 14　混合気体　　　　　　　　　　　　　　　　38

テーマ 15　混合気体と蒸気圧の計算　　　　　　　　　40

テーマ 16　理想気体と実在気体　　　　　　　　　　　42

テーマ 17　溶　　解　　　　　　　　　　　　　　　　44

テーマ 18　溶液の濃度　　　　　　　　　　　　　　　46

テーマ 19　固体の溶解度　　　　　　　　　　　　　　48

テーマ 20　固体の溶解度の計算　　　　　　　　　　　50

テーマ 21　気体の溶解度　　　　　　　　　　　　　　52

テーマ 22　蒸気圧降下，沸点上昇　　　　　　　　　　54

テーマ 23　凝固点降下　　　　　　　　　　　　　　　56

テーマ 24　浸 透 圧　　　　　　　　　　　　　　　　58

テーマ 25　コロイド(1)　　　　　　　　　　　　　　60

| テーマ 26 | コロイド(2) | ∩∩ |
| テーマ 27 | コロイド(3) | 64 |

第2章　物質の変化

テーマ 28	反応とエンタルピー変化	66
テーマ 29	反応エンタルピーの種類	68
テーマ 30	ヘスの法則	70
テーマ 31	結合エネルギーとヘスの法則	72
テーマ 32	ダニエル電池	74
テーマ 33	鉛蓄電池	76
テーマ 34	実用電池	78
テーマ 35	電気分解	80
テーマ 36	電気分解の反応・電気分解の法則	82
テーマ 37	電気分解の量的関係	84
テーマ 38	反応速度，活性化エネルギー	86
テーマ 39	反応の速さを変える条件(1)	88
テーマ 40	反応の速さを変える条件(2)	90
テーマ 41	化学平衡	92
テーマ 42	化学平衡の計算	94
テーマ 43	平衡移動の原理	96
テーマ 44	電離平衡・水素イオン濃度	98
テーマ 45	弱酸・弱塩基の水溶液の電離平衡	100
テーマ 46	塩の加水分解	102
テーマ 47	緩衝液	104
テーマ 48	緩衝液の計算	106
テーマ 49	難溶性塩の溶解度積	108

第3章　無機物質の性質と利用

テーマ 50	水素と貴ガス	110
テーマ 51	ハロゲン	112
テーマ 52	塩　素	114

テーマ 53	ハロゲンの化合物	116
テーマ 54	酸素・オゾン・酸化物	118
テーマ 55	硫黄・硫化水素	120
テーマ 56	二酸化硫黄・硫酸(1)	122
テーマ 57	硫 酸 (2)	124
テーマ 58	窒素・アンモニア	126
テーマ 59	一酸化窒素・二酸化窒素・硝酸	128
テーマ 60	リ　ン	130
テーマ 61	炭　素	132
テーマ 62	ケ イ 素	134
テーマ 63	気体の製法(1)	136
テーマ 64	気体の製法(2)	138
テーマ 65	気体の乾燥・捕集	140
テーマ 66	気体の検出法	142
テーマ 67	アルカリ金属・水酸化ナトリウム	144
テーマ 68	炭酸ナトリウム・炭酸水素ナトリウム	146
テーマ 69	アルカリ土類金属	148
テーマ 70	カルシウムの化合物	150
テーマ 71	アルミニウムの単体と化合物	152
テーマ 72	アルミニウムの製錬	154
テーマ 73	スズ，鉛，亜鉛，水銀	156
テーマ 74	錯イオン	158
テーマ 75	鉄	160
テーマ 76	鉄の製錬	162
テーマ 77	銅	164
テーマ 78	銅の電解精錬	166
テーマ 79	銀	168
テーマ 80	クロムとマンガン	170
テーマ 81	金属イオンの反応	172
テーマ 82	金属イオンの分離	174
テーマ 83	合金，めっき	176

第4章　有機化合物の性質と利用

テーマ 84	有機化合物の特徴	178
テーマ 85	有機化合物の分析	180
テーマ 86	異　性　体	182
テーマ 87	アルカン	184
テーマ 88	アルケン	186
テーマ 89	アルキン	188
テーマ 90	アルコールの分類と性質	190
テーマ 91	アルコールの反応	192
テーマ 92	アルデヒドとケトン	194
テーマ 93	カルボン酸(1)	196
テーマ 94	カルボン酸(2)	198
テーマ 95	エステル	200
テーマ 96	油　　脂	202
テーマ 97	セッケン	204
テーマ 98	芳香族炭化水素の特徴	206
テーマ 99	芳香族炭化水素の反応	208
テーマ 100	フェノールの性質・反応	210
テーマ 101	フェノールの製法	212
テーマ 102	芳香族カルボン酸	214
テーマ 103	アニリンの性質	216
テーマ 104	アニリンの反応	218
テーマ 105	芳香族の分離(1)	220
テーマ 106	芳香族の分離(2)	222
テーマ 107	医薬品・染料	224

第5章　高分子化合物

テーマ 108	グルコース，ガラクトース	226
テーマ 109	フルクトース	228
テーマ 110	マルトース，セロビオース	230

テーマ 111	スクロース，ラクトース	232
テーマ 112	デンプン(1)	234
テーマ 113	デンプン(2)	236
テーマ 114	セルロース	238
テーマ 115	半合成繊維，再生繊維	240
テーマ 116	アミノ酸の構造	242
テーマ 117	主な α-アミノ酸	244
テーマ 118	アミノ酸の性質	246
テーマ 119	タンパク質の構造	248
テーマ 120	タンパク質の種類と性質	250
テーマ 121	タンパク質の検出反応	252
テーマ 122	酵素の性質	254
テーマ 123	核　酸	256
テーマ 124	合成高分子化合物	258
テーマ 125	ポリアミド系合成繊維	260
テーマ 126	ポリエステル系合成繊維,ポリビニル系合成繊維	262
テーマ 127	ビニロン	264
テーマ 128	合成樹脂	266
テーマ 129	イオン交換樹脂	268
テーマ 130	ゴ　ム	270

| 用語さくいん（五十音順） | 272 |
| 用語さくいん（英数字順） | 285 |

さあ一緒に勉
強しよう！

*2023年4月現在

凡例:
原子番号 → 1
元素記号 → H
原子量 → 1.0
元素名 → 水素

:気体（気体）
:液体（液体）
:他は固体（他は固体）

	1	2	3	4	5	6	7	8	9	10	11	12	13	14	15	16	17	18
1	1 H 1.0 水素																	2 He 4.0 ヘリウム
2	3 Li 6.9 リチウム	4 Be 9.0 ベリリウム											5 B 10.8 ホウ素	6 C 12.0 炭素	7 N 14.0 窒素	8 O 16.0 酸素	9 F 19.0 フッ素	10 Ne 20.2 ネオン
3	11 Na 23.0 ナトリウム	12 Mg 24.3 マグネシウム											13 Al 27.0 アルミニウム	14 Si 28.1 ケイ素	15 P 31.0 リン	16 S 32.1 硫黄	17 Cl 35.5 塩素	18 Ar 39.9 アルゴン
4	19 K 39.1 カリウム	20 Ca 40.1 カルシウム	21 Sc 45.0 スカンジウム	22 Ti 47.9 チタン	23 V 50.9 バナジウム	24 Cr 52.0 クロム	25 Mn 54.9 マンガン	26 Fe 55.8 鉄	27 Co 58.9 コバルト	28 Ni 58.7 ニッケル	29 Cu 63.5 銅	30 Zn 65.4 亜鉛	31 Ga 69.7 ガリウム	32 Ge 72.6 ゲルマニウム	33 As 74.9 ヒ素	34 Se 79.0 セレン	35 Br 79.9 臭素	36 Kr 83.8 クリプトン
5	37 Rb 85.5 ルビジウム	38 Sr 87.6 ストロンチウム	39 Y 88.9 イットリウム	40 Zr 91.2 ジルコニウム	41 Nb 92.9 ニオブ	42 Mo 96.0 モリブデン	43 Tc (99) テクネチウム	44 Ru 101.1 ルテニウム	45 Rh 102.9 ロジウム	46 Pd 106.4 パラジウム	47 Ag 107.9 銀	48 Cd 112.4 カドミウム	49 In 114.8 インジウム	50 Sn 118.7 スズ	51 Sb 121.8 アンチモン	52 Te 127.6 テルル	53 I 126.9 ヨウ素	54 Xe 131.3 キセノン
6	55 Cs 132.9 セシウム	56 Ba 137.3 バリウム	57-71 ランタノイド	72 Hf 178.5 ハフニウム	73 Ta 180.9 タンタル	74 W 183.8 タングステン	75 Re 186.2 レニウム	76 Os 190.2 オスミウム	77 Ir 192.2 イリジウム	78 Pt 195.1 白金	79 Au 197.0 金	80 Hg 200.6 水銀	81 Tl 204.4 タリウム	82 Pb 207.2 鉛	83 Bi 209.0 ビスマス	84 Po (210) ポロニウム	85 At (210) アスタチン	86 Rn (222) ラドン
7	87 Fr (223) フランシウム	88 Ra (226) ラジウム	89-103 アクチノイド	104 Rf (261) ラザホージウム	105 Db (262) ドブニウム	106 Sg (263) シーボーギウム	107 Bh (264) ボーリウム	108 Hs (269) ハッシウム	109 Mt (268) マイトネリウム	110 Ds (269) ダームスタチウム	111 Rg (281) レントゲニウム	112 Cn (285) コペルニシウム	113 Nh (284) ニホニウム	114 Fl (289) フレロビウム	115 Mc (288) モスコビウム	116 Lv (293) リバモリウム	117 Ts (293) テネシン	118 Og (294) オガネソン

結晶の種類とその特徴

• イオン結晶について答えよ。

A▢ ❶ 結晶の構成粒子

A▢ ❷ 結晶を構成する粒子間の結合

A▢ ❸ 結晶の性質

[ア] くてもろく，固体は [イ] を通さないが，水に溶かしたり，[ウ] すると電気を通す。融点は [エ]。

• 分子結晶について答えよ。

A▢ ❹ 結晶の構成粒子

A▢ ❺ 結晶を構成する粒子間の結合

A▢ ❻ 結晶の性質

[ア] くて融点は [イ]。ドライアイスやヨウ素のように [ウ] 性を示すものもある。

• 金属結晶について答えよ。

A▢ ❼ 結晶の構成粒子

A▢ ❽ 結晶を構成する粒子間の結合

A▢ ❾ 結晶の性質

[ア] 性や [イ] 性があり，[ウ] や [エ] をよく通す。金属特有の [オ] がある。

• 共有結合結晶について答えよ。

A▢ ❿ 結晶の構成粒子

A▢ ⓫ 結晶を構成する粒子間の結合

A▢ ⓬ 結晶の性質

非常に [ア] く，融点が [イ] い。水に溶けにくく，[ウ] を通しにくい。

解　答

❶陽イオンと陰イオン
❷イオン結合
❸ア：硬
　イ：電気
　ウ：融解
　エ：高い

❹分子
❺分子間力
❻ア：軟らか
　イ：低い
　ウ：昇華

❼原子
❽金属結合
❾ア：展　イ：延
　（アとイは順不同）
　ウ：熱　エ：電気
　（ウとエは順不同）
　オ：光沢
❿原子
⓫共有結合
⓬ア：硬
　イ：高
　ウ：電気

解　説

● イオン結晶
　例　塩化ナトリウム NaCl
　　　炭酸カルシウム $CaCO_3$

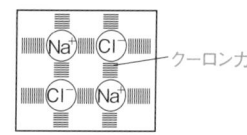

陽イオンと陰イオンが静電気的な
引力（クーロン力）で結びついた
結合をイオン結合という。

● 分子結晶
　例　ヨウ素 I_2，氷 H_2O

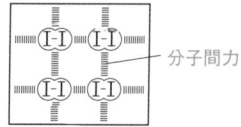

● 金属結晶
　例　ナトリウム Na，鉄 Fe

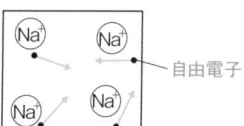

● 共有結合結晶
　例　ダイヤモンド C
　　　二酸化ケイ素 SiO_2

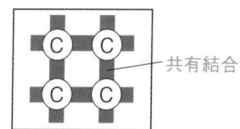

- 面心立方格子について答えよ。

A▢❶　単位格子中に含まれる原子は何個か。

B▢❷　配位数 (最近接粒子数) は何個か。

B▢❸　単位格子の一辺の長さを a〔cm〕, 原子半径を r〔cm〕とするとき, r を a で表せ。

B▢❹　充填率 (原子の体積占有率) は何%か。

B▢❺　原子量を M, アボガドロ定数を N_A とするとき, 密度 d〔g/cm^3〕を a, M, N_A で表せ。

- 体心立方格子について答えよ。

A▢❻　単位格子中に含まれる原子は何個か。

B▢❼　配位数 (最近接粒子数) は何個か。

B▢❽　単位格子の一辺の長さを a〔cm〕, 原子半径を r〔cm〕とするとき, r を a で表せ。

B▢❾　充填率 (原子の体積占有率) は何%か。

B▢❿　原子量を M, アボガドロ定数を N_A とするとき, 密度 d〔g/cm^3〕を a, M, N_A で表せ。

- 六方最密構造について答えよ。

B▢⓫　単位格子中に含まれる原子は何個か。

B▢⓬　配位数 (最近接粒子数) は何個か。

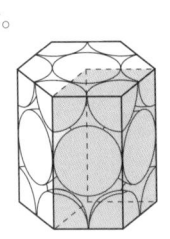

解 答

❶ 4 個

❷ 12 個

❸ $r = \dfrac{\sqrt{2}}{4}a$

❹ 74%

❺ $d = \dfrac{4M}{a^3 N_A}$

❻ 2 個

❼ 8 個

❽ $r = \dfrac{\sqrt{3}}{4}a$

❾ 68%

❿ $d = \dfrac{2M}{a^3 N_A}$

⓫ 2 個

⓬ 12 個

解 説

● ❶ : $\dfrac{1}{8} \times 8 + \dfrac{1}{2} \times 6 = 4$ 〔個〕

● ❸ : 点線部分は原子半径が 4 つ分に相当するから，$\sqrt{2}a = 4r$ となっている。

● ❹ : $\dfrac{4\pi}{3}\left(\dfrac{\sqrt{2}}{4}a\right)^3 \times 4 \times \dfrac{1}{a^3} = \dfrac{\sqrt{2}}{6}\pi$
$\fallingdotseq 0.74$

● ❺ · ❿ : 原子 1 個の質量は，$\dfrac{M}{N_A}$ 〔g〕になる。

● ❺ : $d = \dfrac{M}{N_A} \times 4 \times \dfrac{1}{a^3}$

● ❻ : $\dfrac{1}{8} \times 8 + 1 = 2$ 〔個〕

● ❽ : 点線部分は原子半径の 4 つ分に相当するから，$\sqrt{3}a = 4r$ となっている。

● ❾ : $\dfrac{4\pi}{3}\left(\dfrac{\sqrt{3}}{4}a\right)^3 \times 2 \times \dfrac{1}{a^3} = \dfrac{\sqrt{3}}{8}\pi$
$\fallingdotseq 0.68$

● ❿ : $d = \dfrac{M}{N_A} \times 2 \times \dfrac{1}{a^3}$

● ⓫ : 六方最密構造の単位格子は正六角柱の $\dfrac{1}{3}$ にあたるので，含まれる原子は，

$\left(\dfrac{1}{6} \times 12 + \dfrac{1}{2} \times 2 + 1 \times 3\right) \times \dfrac{1}{3}$
$= 2$ 〔個〕

NaCl型, CsCl型イオン結晶

● NaCl型結晶格子について次の問いに答えよ。ただし, Na^+ と Cl^- は互いに接しているものとする。

A☐❶ 単位格子中に含まれる Na^+ と Cl^- の数はそれぞれ何個ずつか。

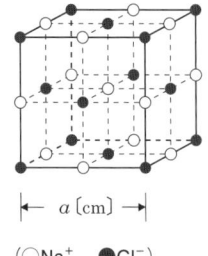

B☐❷ 1個の Na^+ は何個の Cl^- と接しているか。(配位数)

B☐❸ 単位格子の一辺を a〔cm〕として, イオン間距離を表せ。

|← a〔cm〕→|

(○Na^+　●Cl^-)

B☐❹ NaClの式量を M, アボガドロ定数を N_A とするとき, 密度 d〔g/cm^3〕を a, M, N_A で表せ。

● CsCl型結晶格子について次の問いに答えよ。ただし, Cs^+ と Cl^- は互いに接しているものとする。

A☐❺ 単位格子中に含まれる Cs^+ と Cl^- の数はそれぞれ何個ずつか。

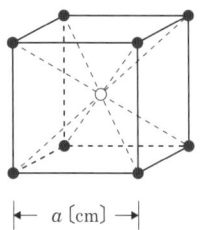

B☐❻ 1個の Cs^+ は何個の Cl^- と接しているか。(配位数)

B☐❼ 単位格子の一辺を a〔cm〕として, イオン間距離を表せ。

|← a〔cm〕→|

(○Cs^+　●Cl^-)

B☐❽ CsClの式量を M, アボガドロ定数を N_A とするとき, 密度 d〔g/cm^3〕を a, M, N_A で表せ。

解 答

❶ Na^+ : 4 個
Cl^- : 4 個

❷ 6 個

❸ $\dfrac{a}{2}$

❹ $d = \dfrac{4M}{a^3 N_A}$

❺ Cs^+ : 1 個
Cl^- : 1 個

❻ 8 個

❼ $\dfrac{\sqrt{3}}{2} a$

❽ $d = \dfrac{M}{a^3 N_A}$

解 説

● NaCl 型結晶格子は，それぞれ Na^+ と Cl^- が面心立方格子と同じ位置に交互に配列されている。

● イオン間距離
＝イオンの中心間の距離

● Na^+ : $\dfrac{1}{4} \times 12 + 1 = 4$〔個〕

Cl^- : $\dfrac{1}{8} \times 8 + \dfrac{1}{2} \times 6 = 4$〔個〕

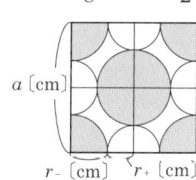

a〔cm〕

r_-〔cm〕 r_+〔cm〕

● 単位格子の中のイオンの個数比は化合物の組成比と一致する。
$Na^+ : Cl^- = 1 : 1 \Rightarrow NaCl$

● CsCl 型結晶格子は，Cs^+ と Cl^- がそれぞれ体心と頂点に交互に配置されている。

● Cs^+ : 1〔個〕

Cl^- : $\dfrac{1}{8} \times 8 = 1$〔個〕

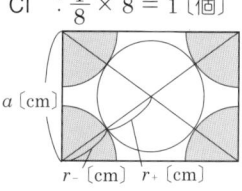

a〔cm〕

r_-〔cm〕 r_+〔cm〕

イオン結晶の限界半径比

C▢❶ イオン結晶の陰イオンどうし，および陽イオンと陰イオンが同時に接している，安定な状態の極限のときの陽イオン半径r_+と陰イオン半径r_-の比

$\dfrac{r_+}{r_-}$ を何というか。ただし，$r_+ < r_-$とする。

C▢❷ NaCl型結晶格子の❶を求めよ。

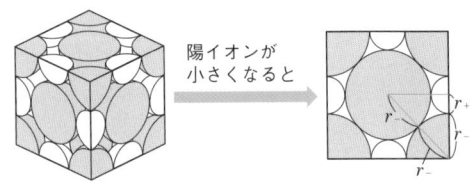

陽イオンが
小さくなると

$$\sqrt{2}(r_+ + r_-) = 2r_-$$
$$\sqrt{2}r_+ = (2 - \sqrt{2})r_-$$

$$\dfrac{r_+}{r_-} = [\quad\quad]$$

C▢❸ CsCl型結晶格子の❶を求めよ。

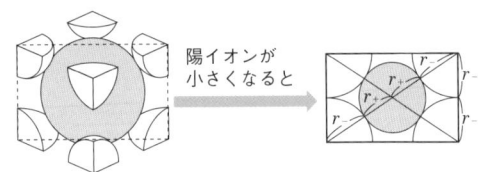

陽イオンが
小さくなると

$$\sqrt{3} \times 2r_- = 2(r_+ + r_-)$$
$$r_+ = (\sqrt{3} - 1)r_-$$

$$\dfrac{r_+}{r_-} = [\quad\quad]$$

解　答	解　説
❶限界半径比 （極限半径比） **❷** $\sqrt{2} - 1$ （0.41） **❸** $\sqrt{3} - 1$ （0.73）	●イオン結晶では，陽イオンと陰イオンが接している場合が安定な状態となり，陰イオンどうしが接し，陰イオンと陽イオンが接していない場合が不安定な状態となる。

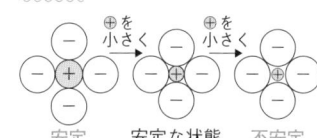

安定	安定な状態の極限	不安定

●半径比が限界半径比より大きいときは安定な構造で，小さいときは不安定な構造なので存在できず，別の構造をとる。

●イオン半径の大きさは，
　$Na^+ < Cl^-$，$Cs^+ > Cl^-$ である。

●**半径比と配位数の関係**

配位数	半径比
2	$0 \sim 0.16$
3	$0.16 \sim 0.23$
4	$0.23 \sim 0.41$
6	$0.41 \sim 0.73$
8	$0.73 \sim 1.0$
12	1.0

●一般に，配位数が大きいほど各イオンがより多くの反対符号のイオンと接しているので，安定しているといえる。ただし，イオン間にはさまざまな力が働くので，この関係にあてはまらないことも多い。

分子結晶

A□❶ CO_2 分子の中で，C原子とO原子は［ア］結合で結びついているが，CO_2 分子どうしは［イ］によって結びついている。このようにしてできた結晶を［ウ］結晶という。

C□❷ ドライアイスの単位格子中に含まれる CO_2 は何個か。

● C
○ O

C□❸ 氷の結晶中では1個の水分子は4個の水分子と［ア］結合によって［イ］構造をとっている。

B□❹ 氷は［ア］が多い構造なので，水より密度は［イ］く［ウ］い。

C□❺ 水の密度が最大になるのは何℃のときか。

❸［ア］結合

← H
← O

C□❻ なぜ，❺のような現象が見られるのか。当てはまる適切な語句を答えよ。

液体の水では，温度の上昇にともなって，分子の熱運動による体積［ア］と水素結合の切断による体積［イ］が同時に起こる。

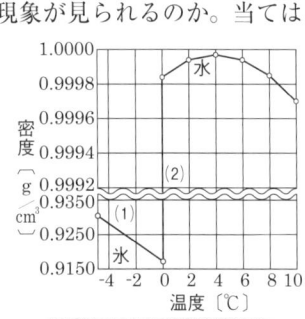

温度による水の密度の変化

その相反する効果の兼ね合いによって4℃付近で最も体積が［ウ］なり，密度が［エ］なる。

解 答

1 ア：共有
イ：分子間力
（ファンデルワールス力）
ウ：分子

2 4個

3 ア：水素
イ：正四面体

4 ア：すき間
イ：小さ
ウ：軽

5 4℃

6 ア：増加
イ：減少
ウ：小さく
エ：大きく

解 説

● 多数の分子が，分子間力によって，規則的に配列してできた固体を分子結晶という。

● 分子間に働くファンデルワールス力，極性分子間に働くクーロン力，水素結合などを総称して分子間力という。

● ドライアイスの結晶は CO_2 が面心立方格子の配置をしている。

● 水素結合は方向性をもった結合なので，水分子は特定の方向の水分子とだけ水素結合をする。よって，氷はすき間の多い構造になる。

● 質量が等しいとき，体積が小さくなると密度は大きくなる。

$$密度〔g/cm^3〕= \frac{質量〔g〕}{体積〔cm^3〕}$$

● **6**のグラフの(1)では，氷の温度が上昇し，分子の熱運動が盛んになるので，体積は増加する。

● (2)では一部の水素結合が切断されて氷が融解し，すき間に水分子が入り込むので，体積は減少する。

● 水には多くの水素結合が残っていて，すべて切断すると水蒸気になる。よって，融解熱より蒸発熱のほうが大きくなる。

第1章 物質の状態とその変化 21

テーマ 6 共有結合結晶

● ダイヤモンド型結晶格子（こうし）について答えよ。

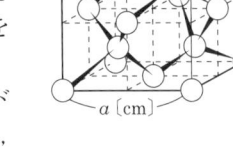

B□❶　単位格子中に含まれる原子は何個か。

B□❷　単位格子の一辺の長さを a として，原子間距離 l を表せ。

B□❸　原子量を M，アボガドロ定数を N_A とするとき，密度 d〔g/cm³〕を a，M，N_A で表せ。

A□❹　ダイヤモンドは炭素原子が他の4個の原子と［ア］結合で結びついているので，非常に［イ］い。

A□❺　中心にある炭素原子と結合する他の4個の炭素原子は［　］の頂点に位置している。

● 黒鉛（こくえん）について答えよ。

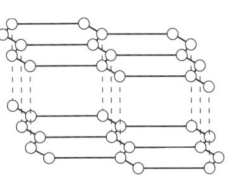

A□❻　黒鉛は［ア］形に炭素原子が結合し，その平面間が［イ］で結びついた層状構造をしているので，はがれやすく，［ウ］い。

A□❼　炭素原子の4つの価電子（かでんし）のうち3つが［ア］結合に使われていて，残りの1つが平面に存在しているので，電気を［イ］。

解 答

❶ 8個

❷ $l = \dfrac{\sqrt{3}}{4}\,a$

❸ $d = \dfrac{8M}{a^3 N_A}$

❹ ア：共有
  イ：硬

❺ 正四面体

❻ ア：正六角
  イ：ファンデルワールス力
  ウ：軟らか

❼ ア：共有
  イ：通す（導く）

解 説

● 多数の原子が次々と共有結合してできている結晶を共有結合結晶という。

● 共有結合結晶には、ダイヤモンド、黒鉛のほか、ケイ素の単体や二酸化ケイ素などがある。

● ケイ素、二酸化ケイ素 ➡ ✓ 62

● **❶**：ダイヤモンド型の結晶格子は、炭素原子が面心に $\dfrac{1}{2} \times 6 = 3$ 個、頂点に $\dfrac{1}{8} \times 8 = 1$ 個、単位格子を8分割した小立方体のうち4つの中心に $1 \times 4 = 4$ 個、合計8個の原子が入っている。

$$\dfrac{1}{2} \times 6 + \dfrac{1}{8} \times 8 + 1 \times 4 = 8 \,〔個〕$$

● ダイヤモンドの結晶は、面心立方格子と体心立方格子の組み合わせと考えればよい。➡ ✓ 2

● 8分割した小立方体の中心にある炭素原子

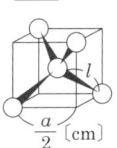

$\dfrac{a}{2}$〔cm〕

● **❷**：$\sqrt{3} \times \dfrac{a}{2} = 2l$ より、$l = \dfrac{\sqrt{3}}{4}\,a$

● 原子間距離＝原子の中心間の距離

A□**❶** 物質の構成粒子が絶えず繰り返している不規則な運動を何というか。

A□**❷** 温度が高くなるほど, **❶** の運動はどうなるか。

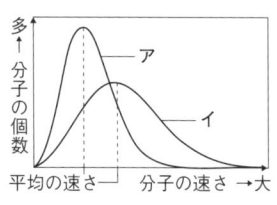

C□**❸** 右のグラフで, 高温を示すグラフは**ア**, **イ**のどちらか。

A□**❹** 物質が熱運動によって自然に広がる現象を何というか。

A□**❺** 気体の圧力は, 気体分子が物体に衝突するとき, 単位 [**ア**] あたりに及ぼす [**イ**] のことをいう。

A□**❻** 国際単位系 (SI) による圧力の単位は何か。

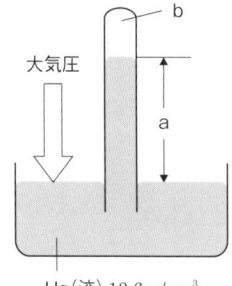

B□**❼** 大気圧を測定するために, ガラス管内を水銀で満たした。右の装置で, 水銀柱の高さ a は何 cm になるか。

B□**❽** b はどのような状態になっているか。

B□**❾** 1 気圧 (1 atm) は何 Pa か。また何 mmHg か。

Hg(液) 13.6 g/cm³
トリチェリーの実験

B□**❿** 標高の高い山頂では, 高さ a はどうなるか。

B□**⓫** 2.02×10^4 Pa は何 atm か。また何 mmHg か。

B□**⓬** 380 mmHg は何 atm か。また何 Pa か。

解　答	解　説
❶熱運動	●物質の構成粒子はその温度に応じた運動エネルギーをもち絶えず運動している。これを熱運動という。
❷大きくなる	
❸イ	●気体分子が熱運動によって自然にゆっくり広がり，濃度が均一になっていく現象を拡散という。
❹拡散	●気体分子が熱運動により器壁に衝突したとき，単位面積あたりに及ぼす力を気体の圧力という。
❺ア：面積　イ：力	●国際単位系での圧力の単位は，$1 \, m^2$の面に垂直に$1 \, N$の力が働くときの圧力$1 \, N/m^2$を$1 \, Pa$としている。
❻ Pa（パスカル）	
❼ 76 cm	●水銀柱の実験は，1643年，トリチェリー（伊）によって行われた。
❽真空	●❼のbの真空をトリチェリーの真空という。水銀の蒸気が存在しているが，その圧力は非常に小さいので真空とみなせる。
❾ $1.013 \times 10^5 \, Pa$ $= 760 \, mmHg$	●❶：$\dfrac{2.02 \times 10^4}{1.01 \times 10^5} = 0.200 \, [atm]$ $760 \times 0.2 = 152 \, [mmHg]$
❿小さくなる	
⓫ $0.200 \, atm$ $= 152 \, mmHg$	
⓬ $0.500 \, atm$ $= 5.05 \times 10^4 \, Pa$	●⓬：$\dfrac{380}{760} = 0.500 \, [atm]$ $1.01 \times 10^5 \times 0.5$ $= 5.05 \times 10^4 \, [Pa]$

● ある純物質の固体に熱を加えたときの加熱時間と温度の関係を示したグラフを見て答えよ。

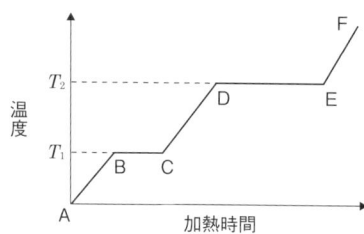

B☑**❶** AB 間はどのような状態にあるか。

B☑**❷** BC 間はどのような状態にあるか。

B☑**❸** CD 間はどのような状態にあるか。

B☑**❹** DE 間はどのような状態にあるか。

B☑**❺** EF 間はどのような状態にあるか。

A☑**❻** T_1 の温度を何というか。

A☑**❼** T_2 の温度を何というか。

A☑**❽** BC 間で吸収される熱量を何というか。

A☑**❾** DE 間で吸収される熱量を何というか。

C☑**❿** BC 間，DE 間で加熱しても温度が変わらないのはなぜか。

B☑**⓫** 比熱を $4.2\ \mathrm{J/(g\cdot℃)}$ としたとき，$20℃$，$100\ \mathrm{g}$ の水を $40℃$にするのに必要な熱量は何 J か。

$$4.2 \times [\textbf{ア}] \times [\textbf{イ}] = [\textbf{ウ}]〔\mathrm{J}〕$$
$$〔\mathrm{J/(g\cdot℃)}〕\quad 〔\mathrm{g}〕\qquad 〔℃〕$$

C☑**⓬** $0℃$，$180\ \mathrm{g}$ の氷に $98\ \mathrm{kJ}$ の熱量を与えると，何 ℃ の水になるか。水の融解熱を $6.0\ \mathrm{kJ/mol}$，比熱を $4.2\ \mathrm{J/(g\cdot℃)}$，$H_2O$ の分子量を 18 とする。

解 答

解 説

- 物質が示す，固体，液体，気体の3つの状態を物質の三態という。

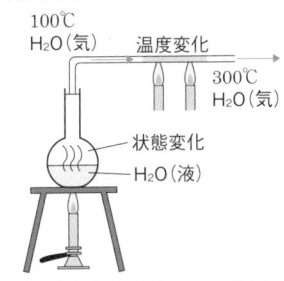

- 1 g の物質の温度を 1 ℃ 上げるのに必要な熱量〔J/(g・℃)〕を比熱という。〔J/(g・K)〕も同じ値。

- **高温水蒸気を発生させる装置**

- 高温水蒸気を利用した調理器具がスチームオーブンである。

❶固体

❷固体と液体が共存

❸液体

❹液体と気体が共存

❺気体

❻融点（凝固点）

❼沸点

❽融解熱

❾蒸発熱

❿吸収した熱エネルギーが物質の状態変化のみに用いられ，温度上昇に用いられないため。

⓫ア：100

イ：$(40 - 20)$

ウ：8400

⓬50℃

- **⓬**：上昇後の温度を t 〔℃〕とする。

$$\frac{180}{18} \times 6.0 + \frac{4.2}{1000} \times 180 \times (t - 0) = 98$$

$t \fallingdotseq 50$

• 下の図は水の状態と温度と圧力との関係を示している。

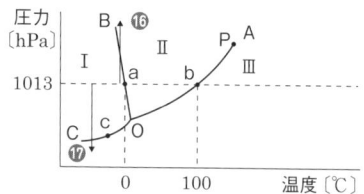

A☐**❶** Ⅰの領域は，物質の三態のうちどの状態か。

A☐**❷** Ⅱの領域は，物質の三態のうちどの状態か。

A☐**❸** Ⅲの領域は，物質の三態のうちどの状態か。

B☐**❹** OA曲線を何曲線というか。

B☐**❺** OB曲線を何曲線というか。

B☐**❻** OC曲線を何曲線というか。

B☐**❼** 点Oを何というか。

B☐**❽** 点Oにおいて，物質はどのような状態にあるか。

C☐**❾** 点Pを何というか。

C☐**❿** 点Pを超えた状態を何というか。

A☐**⓫** 点aで起こっている現象の名称を答えよ。

A☐**⓬** 点bで起こっている現象の名称を答えよ。

A☐**⓭** 点cで起こっている現象の名称を答えよ。

B☐**⓮** 圧力を高くすると，氷の融点はどうなるか。

B☐**⓯** 圧力を高くすると，水の沸点はどうなるか。

B☐**⓰** スケート靴をはいて氷の上に立つと，スケートの刃の下にある氷には1013 hPaより［ア］い圧力がかかるので，融点が［イ］くなり，氷が［ウ］する。

B☐**⓱** 凍らせたコーヒーの圧力を下げていくと，水分が［ア］してコーヒーの成分だけ固形化する。これを［イ］という。

解 答　　　　　　　　解 説

● 二酸化炭素の状態図

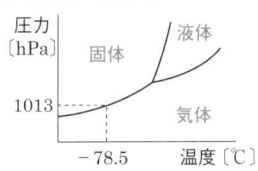

● 多くの物質は二酸化炭素と同じ状態変化を示し、水の固体（氷）の状態変化は特異な例である。

● 固体・液体・気体の3つの状態が共存する温度、圧力を示す点を三重点という。

● 水の三重点は、6.11×10^2 Pa, 0.01℃である。

● 三重点は固有の数値なので、温度の定点として使われている。

● 水の臨界点は、2.21×10^7 Pa, 374℃である。

● 臨界点を超えると、気体と液体の密度が同じで区別がつかない状態になる。この状態を超臨界状態という。

● 氷はすき間が多い結晶なので、圧力をかけると水素結合の一部が切れ、すき間に水分子が入り込み融解する。 ➡ 5

❶固体
❷液体
❸気体
❹蒸気圧曲線
❺融解曲線
❻昇華圧曲線
❼三重点
❽固体・液体・気体が
　共存している平衡状
　態
❾臨界点
❿超臨界状態
⓫融解, 凝固
⓬蒸発, 凝縮
⓭昇華, 凝華
⓮低くなる
⓯高くなる
⓰ア：高
　イ：低
　ウ：融解
⓱ア：昇華
　イ：フリーズドライ

第1章

第2章

第3章

第4章

第5章

B☐❶　密閉容器内で，蒸発する分子数と凝縮する分子数が等しく，見かけ上，蒸発も凝縮も起こっていないように見える状態を何というか。

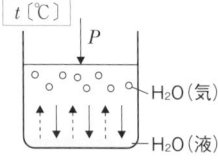

A☐❷　ある温度 t〔℃〕において，密閉容器内の気液平衡が成立したときの圧力 P を何というか。

C☐❸　温度が高いほど ❷ は [ア]。これは，大きな [イ] をもつ分子の割合が増えるためである。

A☐❹　温度と ❷ の関係のグラフを何というか。

A☐❺　液体内部からも蒸発が起こり，気泡が発生する現象を何というか。

B☐❻　❺ は，どのような状態になったときに起こるか。

A☐❼　❺ が起こるときの温度を何というか。

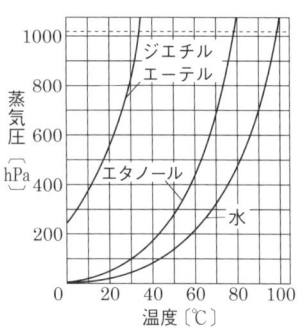

B☐❽　グラフより，外圧が 1013 hPa のときのエタノールの沸点は何℃か。

B☐❾　グラフより，外圧が 1013 hPa のときのジエチルエーテルの沸点は何℃か。

B☐❿　グラフより，700 hPa のときの水の沸点は何℃か。

B☐⓫　グラフより，エタノールが 50℃ で沸騰するときの外圧は何 hPa か。

[解　答]

❶気液平衡

❷（飽和）蒸気圧

❸ア：大きい
　イ：運動エネルギー
❹蒸気圧曲線
❺沸騰

❻外圧（大気圧）と液
　体の蒸気圧が等しく
　なったとき。
❼沸点

❽ 78℃

❾ 34℃

❿ 90℃
⓫ 290 hPa

[解　説]

● （飽和）蒸気圧は，ある温度で密
　閉容器内に存在することができる
　最大量の気体が示す圧力になる。

●密閉容器内に液体が存在するとき，
　その物質の蒸気圧は，温度が一定
　であれば，容器の体積とは無関係
　に一定の値を示す。

●蒸気圧は温度が高くなるほど大き
　くなる。蒸気圧と温度の関係を示
　す曲線を蒸気圧曲線という。

●飽和蒸気圧，蒸気圧はどちらも同
　じ意味である。

●液体を熱すると，外圧（大気圧）
　と液体の蒸気圧が等しくなったと
　き，内部から激しく気泡を生じる。
　この現象を沸騰という。

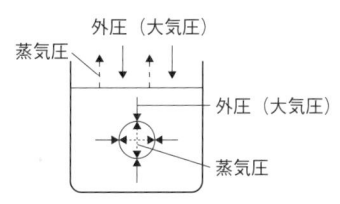

液体の圧力は，無視できるほど小
さい。

●沸騰が起こる温度を沸点という。

A☐❶　「一定温度では，一定量の気体の体積 V は圧力 P に反比例する」という関係を何の法則というか。

A☐❷　P_1，V_1 と P_2，V_2 の関係を式で表せ。

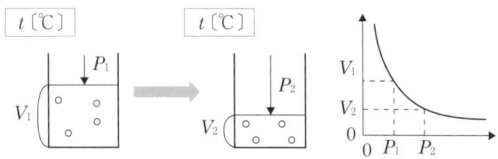

A☐❸　「一定圧力では，一定量の気体の体積 V は絶対温度 T に比例する」という関係を何の法則というか。

A☐❹　V_1，T_1 と V_2，T_2 の関係を式で表せ。

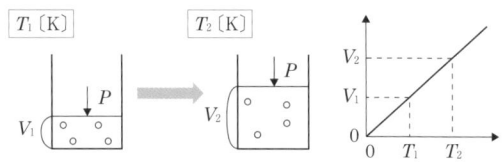

A☐❺　❸の法則より，$-273℃$ のとき気体の体積は 0 になり，それ以下の温度は存在しない。この温度を何というか。

A☐❻　$-273℃$ を 0 K として，セルシウス温度と同じ目盛で表した温度を何というか。

A☐❼　❻の単位を答えよ。

A☐❽　絶対温度 T とセルシウス温度 t の関係を式で表せ。

$$T = [\quad]$$

A☐❾　$47℃$ は何 K になるか。

A☐❿　500 K は何℃になるか。

解 答

❶ボイルの法則

❷ $P_1V_1 = P_2V_2$

❸シャルルの法則

❹ $\dfrac{V_1}{T_1} = \dfrac{V_2}{T_2}$

❺絶対零度

❻絶対温度

❼ K（ケルビン）

❽ $t + 273$

❾ 320 K

❿ 227℃

解 説

● 一定温度のもとで，一定量の気体の体積 V は，圧力 P に反比例する。1662 年にボイル（英）によって発見されたもので，ボイルの法則と呼ばれる。

● 一定圧力のもとで，一定量の気体の体積 V は，絶対温度 T に比例する。1787 年にシャルル（仏）によって発見されたもので，シャルルの法則と呼ばれる。

● シャルルの法則において，圧力一定のとき，1℃の温度上昇（下降）につき，体積は 0℃のときの体積の $\dfrac{1}{273}$ だけ増加（減少）する。

1℃	$\dfrac{274}{273}$ L	
0℃	1 L のとき	$+\dfrac{1}{273}$ L
−273℃	0 L	$-\dfrac{273}{273}$ L

● −273℃のとき気体の体積が 0 になり，それ以下の温度は存在しない。この温度を絶対零度という。

● ❾：$47 + 273 = 320$ K

● ❿：$500 - 273 = 227$℃

第1章 物質の状態とその変化 33

A□ ❶ 「一定量の気体の体積 V は，絶対温度 T に比例し，圧力 P に反比例する」という関係を何の法則というか。

A□ ❷ P_1，V_1，T_1 と P_2，V_2，T_2 の関係を式で表せ。

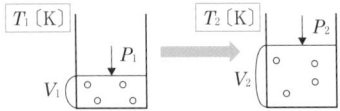

B□ ❸ 温度一定で圧力 5.0×10^5 Pa，5.0 L の気体の体積を，10 L にすると圧力は何 Pa になるか。

$$5.0 \times 10^5 \text{ Pa} \times 5.0 \text{ L} = [] \text{ Pa} \times 10 \text{ L}$$

B□ ❹ 一定圧力で 27℃，3.0 L の気体を 6.0 L にすると，温度は何℃になるか。

$$\frac{3.0 \text{ L}}{(27 + 273) \text{ K}} = \frac{6.0 \text{ L}}{([] + 273) \text{ K}}$$

B□ ❺ 一定体積で 47℃，4.0×10^5 Pa の気体を 87℃にすると，圧力は何 Pa になるか。

$$\frac{4.0 \times 10^5 \text{ Pa}}{(47 + 273) \text{ K}} = \frac{[] \text{ Pa}}{(87 + 273) \text{ K}}$$

B□ ❻ 27℃，2.0×10^5 Pa，15 L の気体を，127℃，1.0×10^5 Pa にすると体積は何 L になるか。

$$\frac{2.0 \times 10^5 \text{ Pa} \times 15 \text{ L}}{(27 + 273) \text{ K}}$$

$$= \frac{1.0 \times 10^5 \text{ Pa} \times [] \text{ L}}{(127 + 273) \text{ K}}$$

B□ ❼ 0℃，760 mmHg, 100 mL の気体を，273℃，400mL にすると，圧力は何 mmHg になるか。

$$\frac{760 \text{ mmHg} \times 100 \text{ mL}}{273 \text{ K}} = \frac{[] \text{mmHg} \times 400 \text{ mL}}{(273 + 273) \text{K}}$$

解　答	解　説
❶ボイル・シャルルの法則	● セルシウス温度 t〔℃〕を絶対温度 T〔K〕にするには， T〔K〕 $= t$〔℃〕 $+ 273$
❷ $\dfrac{P_1 V_1}{T_1} = \dfrac{P_2 V_2}{T_2}$	● ❸：ボイルの法則より， 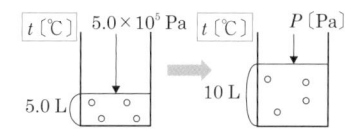
❸ 2.5×10^5 Pa	● ❹：シャルルの法則より， 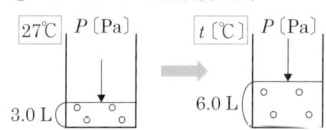
❹ 327℃	
❺ 4.5×10^5 Pa	● ❺：体積一定より，圧力と絶対温度は比例する。 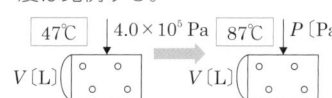
❻ 40 L	● ❻：ボイル・シャルルの法則より， 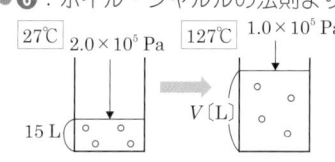
❼ 380 mmHg	● ❼：ボイル・シャルルの法則では，変化の前後において圧力，体積が同じ単位であれば〔Pa〕，〔L〕でなくてもよいが，温度は必ず絶対温度〔K〕を用いる。

A☐❶ 「気体の種類に関係なく，同温・同圧下で，同体積の気体は同数の分子を含む」という法則は何か。

A☐❷ ❶の法則より，標準状態（$0℃$，$1.013 × 10^5\,Pa$）において1 molの気体は，気体の種類に関係なく［　　］Lを占める。

B☐❸ ❷の値をボイル・シャルルの法則に代入して求めた定数を何というか。

$$\frac{PV}{T} = \frac{1.013 × 10^5\,Pa × 22.4\,L/mol}{273\,K}$$

$$≒ 8.3 × 10^3\,Pa·L/(mol·K)$$

A☐❹ 圧力 P〔Pa〕，体積 V〔L〕，物質量 n〔mol〕，気体定数 R〔Pa·L/(mol·K)〕，絶対温度 T〔K〕としたときの気体の状態方程式を答えよ。

A☐❺ ❹で，気体の質量を w〔g〕，分子量を Mとしたときの気体の状態方程式を答えよ。

B☐❻ $27℃$，$6.0 × 10^5\,Pa$ のとき，体積8.3 Lの O_2 は何 molか。

$$6.0 × 10^5\,Pa × 8.3\,L$$

$$= ［　　］mol × 8.3 × 10^3 × (27 + 273)\,K$$

B☐❼ 4.4 gの CO_2（分子量44）を $127℃$，4.0 Lにした。このときの圧力は何 Paか。

$$［　　］Pa × 4.0\,L$$

$$= \frac{4.4}{44}\,mol × 8.3 × 10^3 × (127 + 273)\,K$$

B☐❽ $27℃$，$1.0 × 10^5\,Pa$ での密度が 1.3 g/Lの気体の分子量 M はいくつか。有効数字2桁で答えよ。

$$1.0 × 10^5\,Pa × 1\,L$$

$$= \frac{1.3\,g}{M} × 8.3 × 10^3 × (27 + 273)\,K$$

【解　答】

❶アボガドロの法則

❷ 22.4

❸気体定数 R

❹ $PV = nRT$

❺ $PV = \dfrac{w}{M} RT$

❻ 2.0 mol

❼ 8.3×10^4 Pa

❽ 32

【解　説】

● 一定量の気体の体積と圧力，温度の間に成立する関係式を気体の状態方程式という。

● すべての温度，圧力で気体の状態方程式が完全に成立する仮想的な気体を理想気体という。➡ ⚡16

● ❹，❺：

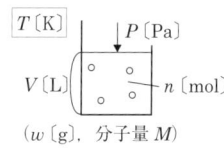

$(w\,\text{〔g〕，分子量}\,M)$

● 気体の状態方程式を用いる際は，単位を必ず守ること。

● 気体定数は単位が変われば数値も変わる。単位が atm のときは，$R = 0.082\ \text{atm·L/(mol·K)}$ を用いる。

● 気体の状態方程式に密度〔g/L〕を用いる場合，体積を 1 L，密度の値を質量として代入すればよい。

● ❽ の答えは 32.37 なので，左から数えて 3 桁目の 3 を四捨五入して，32 となる。

混合気体

- V〔L〕・T〔K〕の気体 A, B を混合して, 同温・同体積の容器に入れ, さらに同温・同圧にした。

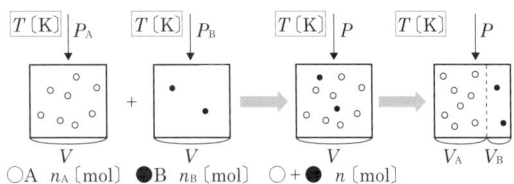

○A n_A〔mol〕 ●B n_B〔mol〕 ○+● n〔mol〕

A□❶ P と P_A, P_B の関係を式で表せ。

A□❷ V と V_A, V_B の関係を式で表せ。

A□❸ ❶, ❷ が成立する法則を何というか。

- 図のように 27℃ を保った容器に入れた N_2 (分子量 28) と O_2 (分子量 32) を, コックを開いて混合した。

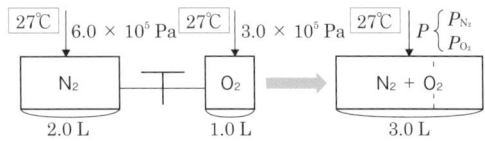

B□❹ N_2 の分圧 P_{N_2} は何 Pa になるか。

[ア] Pa × [イ] L = P_{N_2}〔Pa〕× [ウ] L

B□❺ O_2 の分圧 P_{O_2} は何 Pa になるか。

[ア] Pa × [イ] L = P_{O_2}〔Pa〕× [ウ] L

B□❻ 全圧 P は何 Pa になるか。

P = [ア] Pa + [イ] Pa

B□❼ 混合気体の平均分子量 M はいくらか。

M = 28 × [ア] + 32 × [イ]

解 答	解 説

解 答

❶ $P = P_A + P_B$

❷ $V = V_A + V_B$

❸ 分圧の法則

❹ ア：6.0×10^5

イ：2.0

ウ：3.0

P_{N_2}：$4.0 \times 10^5 \text{ Pa}$

❺ ア：3.0×10^5

イ：1.0

ウ：3.0

P_{O_2}：$1.0 \times 10^5 \text{ Pa}$

❻ ア：4.0×10^5

イ：1.0×10^5

（アとイは順不同）

P：$5.0 \times 10^5 \text{ Pa}$

❼ ア：$\dfrac{4}{5}$

イ：$\dfrac{1}{5}$

M：$29(28.8)$

解 説

● 一定温度のもとで分圧と全圧の体積が等しいとき，混合気体の全圧は，各成分気体の分圧の和に等しい。これをドルトンの分圧の法則という。

● 分圧の法則が成立するとき，
　　分圧比＝モル比＝体積比
が成立する（モル比は「物質量比」という意味で用いることが多い）。

● 前ページの上の図では，
　　A と B の分圧比　$P_A : P_B$
　　　　　　　　　　　‖
　　A と B のモル比　$n_A : n_B$
　　　　　　　　　　　‖
　　A と B の体積比　$V_A : V_B$

● 混合気体を1種類の仮想的な分子からなるものとみなしたとき，混合気体のモル質量〔g/mol〕から単位を除いた数値を，混合気体の平均分子量という。

● **混合気体の平均分子量**
＝（分子量×モル分率）の総和

● 空気の平均分子量は，❼の求め方と同じで $29(28.8)$ を示す。この値より小さな分子量の分子（NH_3, CH_4 など）は空気より軽く，大きな分子量の分子（HCl, C_3H_8 など）は空気より重い。

- ピストンつきの容器に N_2 と H_2O を同じ物質量入れ，60℃に保った。60℃，17℃のときの水の蒸気圧をそれぞれ，2.0×10^4 Pa，2.0×10^3 Pa とする。

Ⅰ　全圧を 1.0×10^5 Pa にしたとき，H_2O の液体が存在していた。

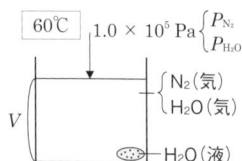

B☐❶　P_{H_2O} は何 Pa になるか。
B☐❷　P_{N_2} は何 Pa になるか。

Ⅱ　体積をⅠのときの半分にした。

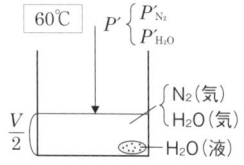

C☐❸　P'_{H_2O} は何 Pa になるか。
C☐❹　P'_{N_2} は何 Pa になるか。
C☐❺　P' は何 Pa になるか。

Ⅲ　体積を H_2O の液体がすべて気体になるまで大きくした。

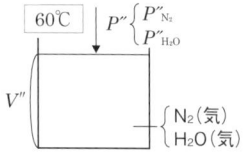

C☐❻　P''_{H_2O} は何 Pa になるか。
C☐❼　P''_{N_2} は何 Pa になるか。
C☐❽　P'' は何 Pa になるか。

Ⅳ　体積をⅠのまま 17℃ まで冷却した。

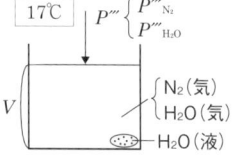

C☐❾　P'''_{H_2O} は何 Pa になるか。
C☐❿　P'''_{N_2} は何 Pa になるか。
C☐⓫　P''' は何 Pa になるか。

解　答

解　説

❶ 2.0×10^4 Pa
❷ 8.0×10^4 Pa

❸ 2.0×10^4 Pa
❹ 1.6×10^5 Pa
❺ 1.8×10^5 Pa

❻ 2.0×10^4 Pa
❼ 2.0×10^4 Pa
❽ 4.0×10^4 Pa

❾ 2.0×10^3 Pa
❿ 7.0×10^4 Pa
⓫ 7.2×10^4 Pa

● ❶：H_2O の液体が存在するので，P_{H_2O} は 60℃蒸気圧を示す。

● ❷：$P = P_{N_2} + P_{H_2O}$ より，
$P_{N_2} = (1.0 - 0.2) \times 10^5$ Pa

● ❸：H_2O の液体が存在するので，P'_{H_2O} は 60℃蒸気圧を示す。

● ❹：N_2 は常に気体なので，P'_{N_2} はボイルの法則に従う。
$$0.8 \times 10^5 \times V = P'_{N_2} \times \frac{V}{2}$$

● ❺：$P' = P'_{N_2} + P'_{H_2O}$ より，
$P' = (1.6 + 0.2) \times 10^5$ Pa

● ❻：このとき，P''_{H_2O} は 60℃蒸気圧を示す。

● ❼：H_2O はすべて気体で，容器内の N_2 と H_2O の物質量は等しいので，P''_{N_2} は P''_{H_2O} に等しい。

● ❽：$P'' = P''_{N_2} + P''_{H_2O}$ より，
$P'' = (0.2 + 0.2) \times 10^5$ Pa

● ❾：H_2O の液体が存在するので P'''_{H_2O} は蒸気圧を示す。

● ❿：P'''_{N_2} は $\frac{P}{T} = \frac{P'}{T'}$ に従う。
$$\frac{8.0 \times 10^4}{60 + 273} = \frac{P'''_{N_2}}{17 + 273}$$

● ⓫：$P''' = P'''_{N_2} + P'''_{H_2O}$ より，
$P''' = (6.96 + 0.20) \times 10^4$ Pa

第1章　物質の状態とその変化　41

第1章　第2章　第3章　第4章　第5章

A□❶ 気体の状態方程式に完全に従う気体を何というか。

A□❷ 実際に存在する気体を何というか。

A□❸ 理想気体は実在気体と違い，[ア]が働かず，[イ]がない気体のことをいう。

A□❹ 実在気体を理想気体に近づけるには，温度と圧力をどのようにしたらよいか。

B□❺ 分子間力の影響により，実在気体の圧力は理想気体の圧力より[　]なる。

B□❻ 分子自身の体積の影響により，実在気体の体積は理想気体の体積より[　]なる。

C□❼ 理想気体の状態方程式を補正して得られた実在気体の状態方程式

$$\left(P + \frac{n^2a}{V^2} \right) (V - nb) = nRT$$

を[ア]，定数 a, b を[イ]という。

• グラフは理想気体，N_2，CO_2 の気体における $\frac{PV}{nRT}$ と圧力 P の関係を示している。

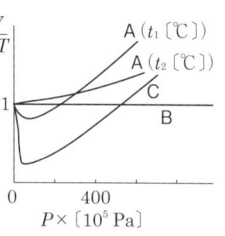

C□❽ 縦軸で $\frac{PV}{nRT} < 1$ のとき，[　]の影響が大きい。

C□❾ 縦軸で $\frac{PV}{nRT} > 1$ のとき，[　]の影響が大きい。

C□❿ 理想気体を示すのは，A ～ C のうちどれか。

C□⓫ N_2 を示すのは，A ～ C のうちどれか。

C□⓬ CO_2 を示すのは，A ～ C のうちどれか。

C□⓭ A の気体で温度が高いのは t_1 と t_2 のどちらか。

解 答

❶理想気体

❷実在気体

❸ア：分子間力
　イ：分子自身の体積

❹高温・低圧

❺低く

❻大きく

❼ア：ファンデルワー
　　ルスの状態方程
　　式
　イ：ファンデルワー
　　ルス定数

❽分子間力

❾分子自身の体積

❿ B

⓫ A

⓬ C

⓭ t_2

解 説

●分子間力の影響を考えると，実在気体の圧力は理想気体より低くなる。

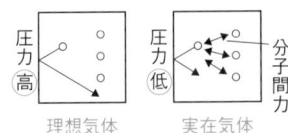

理想気体　　　　実在気体

●分子自身の体積の影響を考えると，実在気体の体積は理想気体より大きくなる。

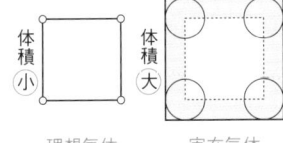

理想気体　　　　実在気体

●❿～⓬：理想気体は $\dfrac{PV}{nRT}$ が常に

1 になるので B。N_2 は分子量が小さいので，分子自身の体積の影響が大きく A になる。CO_2 は分子量が大きいので，分子間力の影響が大きく C になる。

●⓭：温度が高いほど，理想気体に近く，ずれが小さいので，t_2 の方が温度が高い。

テーマ 11 溶　解

A☐❶　物質が液体中に溶け込む現象を [ア] といい，溶けている物質を [イ]，溶かしている液体を [ウ] という。[ア] で生じた均一な混合物を [エ] という。

B☐❷　NaCl が水に溶解するのは，電離して生じた Na^+ や Cl^- が H_2O と [　] により結びつくからである。

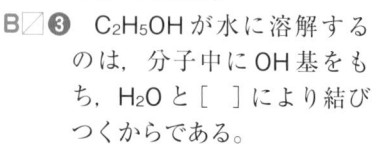

○ Na^+
○ Cl^-

B☐❸　C_2H_5OH が水に溶解するのは，分子中に OH 基をもち，H_2O と [　] により結びつくからである。

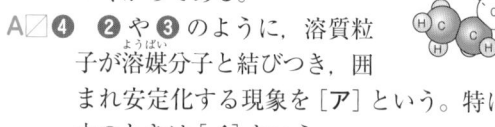

A☐❹　❷や❸のように，溶質粒子が溶媒分子と結びつき，囲まれ安定化する現象を [ア] という。特に，溶媒が水のときは [イ] という。

A☐❺　NaCl のように，水に溶けるとイオンに分かれる物質を何というか。

A☐❻　C_2H_5OH のように，水に溶けてもイオンに分かれない物質を何というか。

B☐❼　水のように，イオン結晶や極性の大きい分子を溶解させる溶媒を何というか。

B☐❽　ベンゼンやジエチルエーテルのように，無極性分子を溶解させる溶媒を何というか。

• ❾ ～ ❿ は水とベンゼンのどちらによく溶けるか。

B☐❾　スクロース $C_{12}H_{22}O_{11}$ の結晶

B☐❿　ヨウ素 I_2 の結晶

C☐⓫　極性分子である CH_3COOH は，ベンゼン溶液中では分子間で [ア] 結合して [イ] を形成し，無極性分子のようにふるまう。

解　答

❶ア：溶解
　イ：溶質
　ウ：溶媒
　エ：溶液

❷静電気的な引力

❸水素結合

❹ア：溶媒和
　イ：水和

❺電解質

❻非電解質

❼極性溶媒

❽無極性溶媒

❾水
❿ベンゼン
⓫ア：水素
　イ：二量体

解　説

● 水のような極性溶媒には，エタノ
ールのような極性分子や，塩化ナ
トリウムのようなイオン結晶がよ
く溶ける。

● ベンゼンのような無極性溶媒には，
ヨウ素や四塩化炭素のような無極
性分子がよく溶ける。

● **エタノールの水への溶解**

$$CH_3-CH_2-O\cdots H-O$$

　疎水基　　親水基　　水素結合

● 1価アルコールは，疎水基のC
の数が1~3までは水に溶けるが，
4以上になると水に溶けにくくな
る。

● 溶液中でイオンに分かれる変化を
電離という。

● 水溶液中で電離し，電流を導く物
質を電解質といい，水に溶解して
も電離しない物質を非電解質とい
う。

● **水 分 子**

$$\delta-$$
$$\underset{\delta+}{H}\,O\,\underset{\delta+}{H}$$

● ⓫：

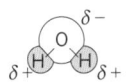

酢酸二量体

第1章　物質の状態とその変化　45

A ☐ ❶ $\dfrac{溶質〔g〕}{溶液〔g〕} \times 100$ で表される濃度を何というか。

A ☐ ❷ $\dfrac{溶質〔mol〕}{溶液〔L〕}$ で表される濃度を何というか。

A ☐ ❸ $\dfrac{溶質〔mol〕}{溶媒〔kg〕}$ で表される濃度を何というか。

A ☐ ❹ 水溶液をつくるときに使う右の図の器具を何というか。

A ☐ ❺ 25 g の塩化ナトリウム NaCl が 100 g の水に溶けている水溶液の質量パーセント濃度はいくらか。

NaCl aq ┤ H₂O 100 g / NaCl 25 g

$$\dfrac{[ア]g}{[イ]g} \times 100 = [ウ] \%$$

B ☐ ❻ 98% 濃硫酸 H₂SO₄（98）は何 mol/L か。濃硫酸の密度を 1.8 g/cm³ とする。

┤H₂O ┤H₂SO₄
98%H₂SO₄ 1.8 g/cm³

溶液を 1 L = 1000 cm³ とする。

$$1000 \ cm^3 \times [ア] \ g/cm^3 \times \dfrac{[イ]}{100} \times \dfrac{1}{[ウ] \ g/mol} = [エ] \ mol/L$$

濃 H₂SO₄〔g〕　　H₂SO₄〔g〕　　H₂SO₄〔mol〕

B ☐ ❼ 18 g のグルコース C₆H₁₂O₆（180）が 500 g の水に溶けている水溶液の質量モル濃度はいくらか。

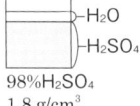

C₆H₁₂O₆ aq ┤500 g / 18 g

$$\dfrac{[ア]}{180} \ mol \times \dfrac{1000}{[イ]} \ /kg = [ウ] \ mol/kg$$

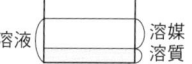

解　答	解　説

❶ 質量パーセント濃度

❷ モル濃度

❸ 質量モル濃度

❹ メスフラスコ

❺ ア：25
　 イ：125
　ウ：20

❻ ア：1.8
　イ：98
　ウ：98
　エ：18

❼ ア：18
　イ：500
　ウ：0.20

- 溶液の図を次のように表す。ただし，本当の溶液中の溶質は均一になって溶解している。

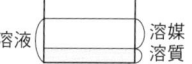

溶液　　溶媒　　溶質

- **❺**：溶液が食塩水，溶媒が水で，溶質が塩化ナトリウムとなる。

- 溶液の質量に対する溶質の割合をパーセント〔%〕で表した濃度を質量パーセント濃度という。

- 溶液 1 L あたりに溶けている溶質を物質量で表した濃度をモル濃度という。単位は mol/L。

- 溶媒 1 kg あたりに溶けている溶質の量を物質量で表した濃度を質量モル濃度という。単位は mol/kg。

- 溶液の体積と質量の換算には，密度〔g/cm^3〕を用いる。
  体積〔cm^3〕× 密度〔g/cm^3〕
  　　　　　　　　＝質量〔g〕
  質量〔g〕× $\dfrac{1}{密度〔g/cm^3〕}$
  　　　　　　　　＝体積〔cm^3〕

- **❻** のような〔%〕$\rightleftarrows$〔mol/L〕の濃度の換算の問題では，体積を 1 L（＝ 1000 cm^3）とおくと計算しやすい。

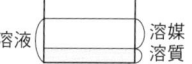
第1章

第2章

第3章

第4章

第5章

19 固体の溶解度

A□ ❶ 溶質を溶媒に溶ける限界まで溶かした溶液を何というか。

B□ ❷ 一定量の溶媒（主に 100 g）に最大限まで溶けた溶質の質量〔g〕の値を何というか。

B□ ❸ 飽和溶液では，溶質の溶解と析出が見かけ上，止まったように見える。この状態を何というか。

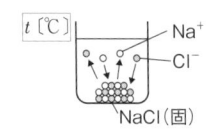

B□ ❹ 固体の溶解度は一般に高温ほど〔　〕なる。

B□ ❺ 溶解度と温度の関係を表した右のグラフを何というか。

B□ ❻ 少量の不純物を含む固体を熱水に溶かし，これを冷却することによって純粋な結晶を分離する，温度による溶解度の差を利用した物質の精製法を何というか。

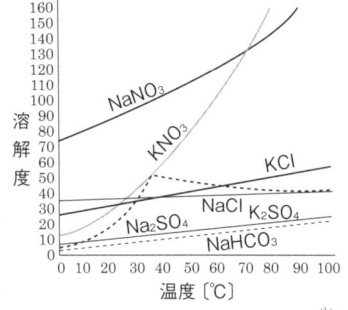

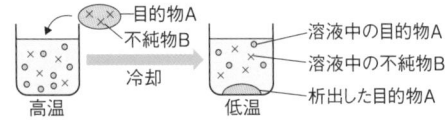

C□ ❼ ❻を行うとき，用いる水の量はどうすればよいか。

C□ ❽ ❼の理由を答えよ。

解 答

❶飽和溶液

❷（固体の）溶解度

❸溶解平衡

❹大きく
❺溶解度曲線

❻再結晶法

❼不純物を含む混合物
がすべて溶け，冷却
しても不純物が析出
しない最低限の量を
用いる。
❽目的物をなるべく多
く析出させるため。

解 説

● 溶解度は飽和溶液の濃度を示して
いる。

● 飽和溶液は溶解平衡が成立してい
る溶液ともいえる。

● 溶解平衡では，溶質の溶解速度と
析出速度が等しい。

● 固体物質の溶解熱は吸熱反応を示
すものが多いので，固体の溶解度
は，温度が高くなるほど大きくな
るものが多い。

● 温度による溶解度の差が小さい物
質の再結晶には，濃縮による方法
を用いる。

● **再結晶の原理**

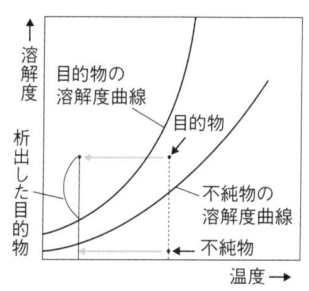

● ❼，❽：溶媒の量が多いと，目的
物Aの溶解量が多くなるため，
析出する目的物Aの量は少なく
なる。

- 硫酸銅(Ⅱ)の溶解度は，水 100 g に対して 60℃で 40 g，20℃で 20 g である。次の問いに答えよ。

  ただし，$CuSO_4 = 160$，$H_2O = 18$ とする。

〔g〕	$CuSO_4$	H_2O	飽和 $CuSO_4$ aq
60℃	40	100	140
20℃	20	100	120

B □ ❶ 60℃における硫酸銅(Ⅱ)の飽和水溶液 140 g に含まれる硫酸銅(Ⅱ)は何 g か。

$$140 \text{ g} \times \frac{[\text{ア}]}{[\text{イ}]} = [\text{ウ}] \text{ g}$$

C □ ❷ 硫酸銅(Ⅱ)五水和物の結晶 10 g に水を加えて 60℃の飽和水溶液を作った。加えた水は何 g か。

$CuSO_4$ 〔g〕：H_2O 〔g〕より，

$$40 : 100 = \left(10 \times \frac{16}{25}\right) : \left(10 \times \frac{9}{25} + x\right)$$

$$x \fallingdotseq [\quad] \text{ g}$$

B □ ❸ 60℃の飽和水溶液 140 g を 20℃に冷却したとき，無水硫酸銅(Ⅱ)ならば何 g 析出すると考えられるか。

冷却後の溶液は 20℃飽和溶液なので，

$CuSO_4$ 〔g〕：H_2O 〔g〕より，

$$20 : 100 = (40 - y) : 100$$

$$y = [\quad] \text{ g}$$

C □ ❹ 60℃の飽和水溶液 140 g を 20℃に冷却したとき，硫酸銅(Ⅱ)五水和物の結晶は何 g 析出するか。

冷却後の溶液は 20℃飽和溶液なので，

$CuSO_4$ 〔g〕：H_2O 〔g〕より，

$$20 : 100 = \left(40 - \frac{16}{25}z\right) : \left(100 - \frac{9}{25}z\right)$$

$$z \fallingdotseq [\quad] \text{ g}$$

解　答

解　説

● 硫酸銅(Ⅱ)五水和物のような結晶水を含む物質の溶解度は，無水物の量で示されている。

● 硫酸銅(Ⅱ)五水和物 $CuSO_4 \cdot 5H_2O$ の式量は，$160 + 18 \times 5 = 250$

● **硫酸銅(Ⅱ)五水和物 a〔g〕の内訳**

❶ ア：40
　イ：140
　ウ：40

$$CuSO_4 \cdots a \times \frac{160}{250} = \frac{16}{25} a \text{〔g〕}$$

$$5H_2O \cdots a \times \frac{90}{250} = \frac{9}{25} a \text{〔g〕}$$

❷ 12（12.4）

● ❷ の 図

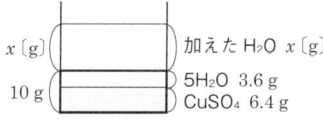

x〔g〕｜加えた H_2O　x〔g〕

10 g｜$5H_2O$ 3.6 g
　　　｜$CuSO_4$ 6.4 g

● ❸ の 図

❸ 20

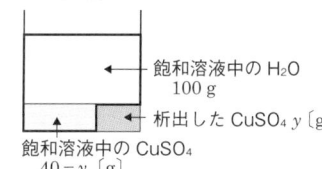

飽和溶液中の H_2O
100 g

析出した $CuSO_4$ y〔g〕

飽和溶液中の $CuSO_4$
$40 - y$〔g〕

● ❹ の 図

❹ 35（35.2）

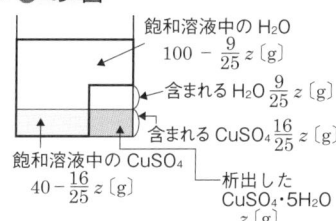

飽和溶液中の H_2O
$100 - \frac{9}{25} z$〔g〕

含まれる H_2O $\frac{9}{25} z$〔g〕

含まれる $CuSO_4 \frac{16}{25} z$〔g〕

飽和溶液中の $CuSO_4$
$40 - \frac{16}{25} z$〔g〕

析出した
$CuSO_4 \cdot 5H_2O$
z〔g〕

A ☐ ❶ 一般に，気体の溶解度は，圧力が一定ならば温度が高いほど [ ]。

B ☐ ❷ ❶の理由は，高温ほど溶液中の気体分子の [ ] が激しくなり，溶液中から飛び出しやすくなるためである。

A ☐ ❸ 温度が一定ならば，一定量の溶媒に溶ける気体の溶解量（物質量・質量）は，その気体の圧力に [ ] する。

A ☐ ❹ ❸の法則を何というか。

● 0 ℃，1.0×10^5 Pa で 1.0 L の水に O_2 は 2.2×10^{-3} mol （49 mL）溶ける。

B ☐ ❺ 0 ℃，3.0×10^5 Pa で 2.0 L の水に溶けた O_2 は何 mol か。

$$2.2 \times 10^{-3} \times \underset{\text{圧力比}}{\frac{[\textbf{ア}]}{1.0 \times 10^5}} \times \underset{\text{水の体積比}}{\frac{[\textbf{イ}]}{1.0}} \fallingdotseq [\textbf{ウ}] \text{〔mol〕}$$

（溶解度〔mol〕）

B ☐ ❻ 0 ℃，2.0×10^5 Pa で 5.0 L の水に溶けた O_2 は，0 ℃，1.0×10^5 Pa のもとでは何 mL か。

$$\underset{\text{溶解度〔mol〕}}{\frac{49}{22.4 \times 10^3}} \times \underset{\text{圧力比}}{\frac{[\textbf{ア}]}{1.0 \times 10^5}} \times \underset{\text{水の体積比}}{\frac{[\textbf{イ}]}{1.0}} \times \underset{\text{〔mL/mol〕}}{[\textbf{ウ}]} = [\textbf{エ}] \text{〔mL〕}$$

B ☐ ❼ 0 ℃，2.0×10^5 Pa で 5.0 L の水に溶けた O_2 は，0 ℃，2.0×10^5 Pa のもとでは何 mL か。

❻をボイルの法則を用いて換算する。

$$\underset{\text{〔Pa〕}}{1.0 \times 10^5} \times \underset{\text{〔mL〕}}{❻} = \underset{\text{〔Pa〕}}{2.0 \times 10^5} \times \underset{\text{〔mL〕}}{[\quad]}$$

解 答

❶小さい

❷熱運動

❸比例

❹ヘンリーの法則
（NH₃ や HCl など溶
解度の大きい気体に
は適用できない）

❺ア：3.0×10^5
　イ：2.0
　ウ：1.3×10^{-2}
　　（0.0132）

❻ア：2.0×10^5
　イ：5.0
　ウ：22.4×10^3
　エ：4.9×10^2（490）

❼ 2.5×10^2 mL
　（245 mL）

解 説

● 温度が高いほど，気体分子の熱運
動が盛んになるので，溶液内から
外に飛び出しやすくなる。

● 溶解する気体の体積の考え方

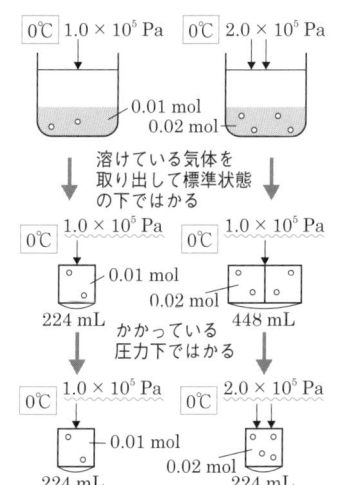

● 潜水していると，水圧によって血
液に溶け込む気体の量は通常より
多くなるが，急に浮上すると圧力
が低下するので，血液に溶けてい
た気体が気泡となり，血液の流れ
を妨げる。そのために起こる病気
を潜水病という。

22 蒸気圧降下，沸点上昇

B□❶ 不揮発性物質を溶かした溶液の蒸気圧が，純溶媒の蒸気圧より低くなる現象を何というか。

B□❷ 海水でぬれた衣類は真水でぬれた場合より乾きやすいか，乾きにくいか。

C□❸ ❶のため，溶液の蒸気圧を純溶媒の蒸気圧と等しくするには，より[ア]温にしなくてはならないので，溶液の沸点は純溶媒の沸点より[イ]くなる。

A□❹ ❸のように，溶液の沸点が上昇する現象を何というか。

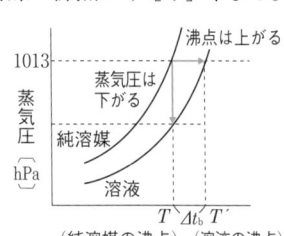

(純溶媒の沸点) (溶液の沸点)
温度〔℃〕

A□❺ 溶液の沸点と純溶媒の沸点の差 Δt_b〔K〕を何というか。

A□❻ 沸点上昇度は溶質の種類に関係[ア]，溶質粒子の[イ]に比例する。

B□❼ 電解質溶液の場合，溶質粒子の数は生じた[　]の数の合計になる。

• 非電解質水溶液 1.0 mol/kg の沸点上昇度を 0.52 K とする。

B□❽ グルコース水溶液 0.10 mol/kg の沸点上昇度は何 K か。

$$\underset{〔K \cdot kg/mol〕}{\frac{0.52}{1.0}} \times \underset{〔mol/kg〕}{0.10} = [\quad]$$

B□❾ NaCl 水溶液 0.10 mol/kg の沸点は何℃か。ただし，NaCl は完全電離する。

$$100 + \underset{〔K \cdot kg/mol〕}{\frac{0.52}{1.0}} \times \underset{〔mol/kg〕}{0.10} \times 2 = [\quad]$$

54

❶ 蒸気圧降下

❷ 乾きにくい

❸ ア：高　イ：高

❹ 沸点上昇

❺ 沸点上昇度

❻ ア：なく
　　イ：質量モル濃度

❼ イオン

❽ 0.052 K

❾ 100.104℃

● **蒸気圧降下**

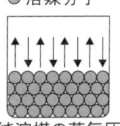 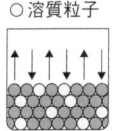

純溶媒の蒸気圧　　溶液の蒸気圧

溶液の蒸気圧は，純溶媒に比べて溶媒分子の割合が小さいので，低くなる。

● **❷**：海水でぬれた衣類は，溶けている NaCl などによって水分子の蒸発が起こりにくく乾きにくい。

● 添え字の b は boil に由来。（f は freeze に由来➡ 23）

● $\Delta t_b = k_b \cdot m$（沸点上昇度 Δt_b 〔K〕と溶質粒子の質量モル濃度 m 〔mol/kg〕の関係を表した式）において，k_b〔K・kg/mol〕はモル沸点上昇といい，溶媒固有の値をとる。

● **質量モル濃度**➡ 18

● **❽，❾** における粒子数
$C_6H_{12}O_6$ …非電解質により 1 倍
NaCl …電解質により 2 倍

● **❾**：セルシウス温度〔℃〕と絶対温度〔K〕の変化量は等しい。
　　0.104 K 上昇 = 0.104℃上昇

A☐❶ 溶液中の溶媒の凝固点が，純溶媒の凝固点より低くなる現象を何というか。

C☐❷ ❶の理由は，溶液は純溶媒に比べて [ア] の分だけ [イ] の割合が少なくなるため，凝固しにくくなるからである。

A☐❸ 純溶媒と溶液の凝固点の差 Δt_f [K] を何というか。

A☐❹ 凝固点降下度は，沸点上昇度と同じように，溶質の種類に関係 [ア]，溶質粒子の [イ] に比例する。

B☐❺ A–B，A′–B′ の状態を何というか。

C☐❻ B–C，B′–C′ のグラフが上昇している理由を答えよ。

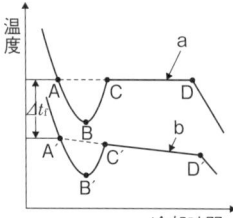

B☐❼ 固体と液体が共存している区間を記号で答えよ。

A☐❽ a と b のグラフは，純溶媒と溶液のどちらを示しているか。

B☐❾ 溶液の凝固点は図中の記号のどの温度と同じか。

C☐❿ C′–D′ のグラフが下降している理由を答えよ。

冷却曲線と凝固点降下度 (Δt_f)

● 水のモル凝固点降下は，1.9 K・kg/mol である。

B☐⓫ グルコース水溶液 0.10 mol/kg の凝固点降下度は何 K か。

$$\underset{\text{[K·kg/mol]}}{1.9} \times \underset{\text{[mol/kg]}}{0.10} = [\quad]$$

B☐⓬ $CaCl_2$ 水溶液 0.10 mol/kg の凝固点は何℃か。ただし，$CaCl_2$ は完全電離する。

$$0 - \underset{\text{[K·kg/mol]}}{1.9} \times \underset{\text{[mol/kg]}}{0.10} \times 3 = [\quad]$$

解 答

❶凝固点降下

❷ア：溶質粒子
　イ：溶媒分子

❸凝固点降下度
❹ア：なく
　イ：質量モル濃度
❺過冷却

❻凝固熱が発生するため。

❼B−D
　B′−D′
❽a：純溶媒
　b：溶液
❾A′
❿溶媒だけが凝固するので，凝固するにつれて残った溶液の濃度が増加するため，凝固点が低下していくから。
⓫0.19 K
⓬−0.57℃

解 説

● 凝固点降下

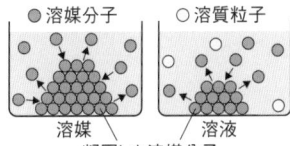

● 溶媒分子　○ 溶質粒子

溶媒
凝固した溶媒分子

溶質
溶液

同じ温度で比べると，溶液中では溶質粒子により，凝固する溶媒分子の割合が純溶媒より少なくなる。

● 純水の凝固点…0℃
　海水の凝固点…約−1.8℃

● 溶媒，溶液の凝固点は，C−D，C′−D′の線を逆方向に延長し（外挿），凝固前の冷却曲線と交差した点 A，A′になる。

● $CaCl_2$ は次のように電離するので粒子数は3倍になる。
$$CaCl_2 \longrightarrow Ca^{2+} + 2Cl^-$$

● 冬期に，凍結防止剤として $CaCl_2$ などが用いられる。$CaCl_2$ が路面上にまかれていれば，降雪などによって $CaCl_2$ 水溶液が生じ，水よりも凝固点が下がるため凍結しにくくなる。

● ⓬：セルシウス温度〔℃〕と絶対温度〔K〕の変化量は等しい。
　0.57 K 降下 ＝ 0.57℃ 降下

第1章

第2章

第3章

第4章

第5章

A☐❶ 一般に溶媒などの小さな粒子は通すが，大きな溶質粒子は通さない膜を何というか。

B☐❷ ❶の例をあげよ。

・図のように，U字管の中央を半透膜で仕切り，同体積の純溶媒と溶液を入れ長時間放置した。

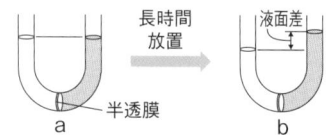

B☐❸ 純溶媒を入れたのは左と右のどちらか。

A☐❹ aを長時間放置するとbになり，液面差が生じた。左から右へ何が移動したのか。

A☐❺ ❹の現象を何というか。

A☐❻ ❹が示す圧力を何というか。

A☐❼ ❻は [ア] と溶質粒子の [イ] に比例する。

A☐❽ ❼の関係を何の法則というか。

C☐❾ 浸透圧 Π〔Pa〕を，溶液 V〔L〕，溶液中の溶質粒子の物質量 n〔mol〕，気体定数 R〔Pa·L/(K·mol)〕，絶対温度 T〔K〕を用いた関係式で示せ。

C☐❿ ❾の溶質が非電解質で，質量を w〔g〕，溶質のモル質量を M〔g/mol〕としたとき，溶質の分子量を求める式を示せ。

C☐⓫ NaCl（式量58.5）を5.85g溶かして1.0Lとした水溶液の，27℃における浸透圧〔Pa〕を求めよ。

$$\Pi \times 1.0 = \frac{5.85}{[\textbf{ア}]} \times [\textbf{イ}] \times 8.3 \times 10^{3} \times [\textbf{ウ}]$$

〔Pa〕 〔L〕 〔mol〕 R〔Pa·L/(mol·K)〕 〔K〕

$$\Pi \fallingdotseq [\textbf{エ}] \text{ Pa}$$

解　答

❶半透膜

❷細胞膜
　ぼうこう膜
　セロハン膜　など

❸左
❹溶媒分子

❺浸透
❻浸透圧 Π 〔Pa〕
❼ア：絶対温度 T〔K〕
　イ：モル濃度 c
　　　〔mol/L〕
❽ファントホッフの法則
❾$\Pi V = nRT$
　$\Pi = \dfrac{n}{V}RT$
❿$M = \dfrac{wRT}{\Pi V}$
⓫ア：58.5
　イ：2
　ウ：27 + 273
　エ：5.0×10^5
　　　(4.98×10^5)

解　説

● 半透膜の働き

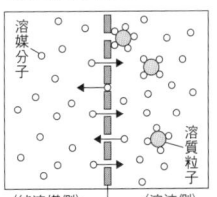

〈純溶媒側〉半透膜 〈溶液側〉

● 溶媒分子が半透膜を通って溶液側へ移動することを浸透という。

● 電解質の場合，溶質粒子の数は生じたイオンの数の合計になる。

● 浸透圧と気体の圧力の類似性を，1887 年ファントホッフ（蘭）が発見した。この研究で 1901 年ノーベル化学賞を受賞している。

● 水と海水を半透膜で隔て，海水側に浸透圧よりも高い圧力をかけると，水分子だけが浸透し水を得ることができる。この方法を逆浸透法といい，海水を淡水に変える装置として使われている。

● ❿：$\Pi V = \dfrac{w}{M}RT$ より。

● ⓫：NaCl は次のように電離するので，粒子数は 2 倍になる。
　　　$NaCl \longrightarrow Na^+ + Cl^-$

25 コロイド(1)

A□ ❶ コロイド粒子の直径は約何 m（何 cm）か。

A□ ❷ コロイド粒子が物質中で均一に分散した状態を何というか。

B□ ❸ コロイド粒子が液体中に分散している溶液を何というか。

B□ ❹ ❸ が流動性を失って固まったものを何というか。

C□ ❺ 分散媒が液体のもののうち，分散質が固体のものを［ア］，液体のものを［イ］という。

C□ ❻ $Fe(OH)_3$ や粘土のように，本来は水に溶けにくい物質をコロイド粒子の大きさにしたものを［　］コロイドという。

C□ ❼ デンプンやタンパク質のように1個の分子がコロイド粒子の大きさのものを［　］コロイドという。

C□ ❽ セッケン分子のように，いくつかの分子が集合体（［ア］）をつくったものを［イ］という。

A□ ❾ コロイド溶液に強い光線を当てると光の通路が明るく輝いて見える現象を何というか。

B□ ❿ ❾ はコロイド粒子が光を［　］させるために起こる。

A□ ⓫ コロイド粒子の不規則なジグザグ運動を何というか。

B□ ⓬ ⓫ は，コロイド粒子に熱運動している［　］分子が不規則に衝突するために起こる。

A□ ⓭ コロイド溶液をセロハン袋に入れて水中につるすと，イオンや小さな分子が半透膜を通って除かれる。このようなコロイド溶液の精製方法を何というか。

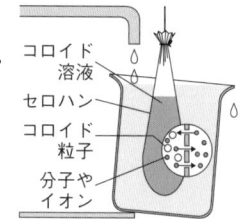

コロイド溶液
セロハン
コロイド粒子
分子やイオン

解　答

❶約 10^{-9}〜10^{-7} m
　（約 10^{-7}〜10^{-5} cm）
❷コロイド
❸コロイド溶液（ゾル）

❹ゲル
❺ア：懸濁液
　イ：乳濁液
❻分散

❼分子

❽ア：ミセル
　イ：会合コロイド（ミ
　　　　セルコロイド）
❾チンダル現象
❿散乱

⓫ブラウン運動

⓬分散媒

⓭透析

解　説

● 直径が 10^{-10} m くらいの分子やイオンの溶液を真の溶液という。

● コロイド粒子を分散質，水を分散媒，コロイド溶液を分散系という。

● **チンダル現象**
　コロイド溶液に強い光線を当てると，光の通路が輝いて見える現象。

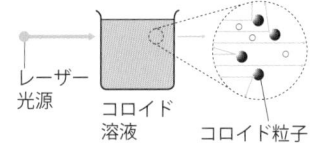

レーザー光源　コロイド溶液　コロイド粒子

● **ブラウン運動**
　コロイド溶液を限外顕微鏡で観察すると，コロイド粒子が不規則に動いて見える現象。熱運動している分散媒分子が，絶えずコロイド粒子に衝突するために起こる。

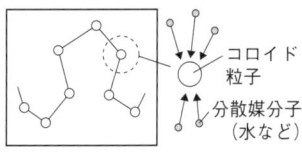

コロイド粒子
分散媒分子（水など）

● 限外顕微鏡は，側面から光を当てて観察する特殊な顕微鏡。コロイド粒子は光の点として見える。

● 半透膜を用いて，コロイド粒子以外の小さなイオンや分子を取り除く操作を透析という。

A☐❶ 塩化鉄(Ⅲ)水溶液を沸騰水に加えると，［ア］色の［イ］のコロイド溶液が生じる。

A☐❷ コロイド粒子は正または負の電荷に帯電しており，直流電圧をかけると，コロイド粒子は反対符号の電極の方へ移動する。この現象を何というか。

B☐❸ 水酸化鉄(Ⅲ)のコロイド粒子は❷を行うと陰極へ移動するので，［　］コロイドである。

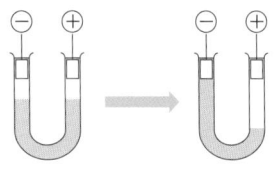

A☐❹ 水酸化鉄(Ⅲ)のコロイド溶液に［ア］の電解質を加えると沈殿が生じる現象を［イ］という。

A☐❺ 水との親和力が小さく，凝析しやすいコロイドを何コロイドというか。

B☐❻ 一般に，コロイド粒子と電荷の符号が［ア］で，価数が［イ］イオンほど凝析を起こしやすい。

B☐❼ 水酸化鉄(Ⅲ)のコロイドを凝析させるのに用いる濃度が等しい電解質水溶液のうち，最も少量ですむものは次のうちどれか。

$NaCl$　　$AlCl_3$　　Na_3PO_4　　$MgSO_4$

B☐❽ 粘土のコロイド溶液をU字管に入れ直流電圧をかけると，コロイド粒子は陽極側へ移動した。これより，粘土のコロイド粒子は［　］コロイドである。

B☐❾ 粘土のコロイドを凝析させる効果の高い電解質を❼より1つ選べ。

C☐❿ 河川水の粘土を凝析させ，濁りを取り除く清澄剤として利用されている電解質を答えよ。

解 答

① ア：赤褐

　イ：水酸化鉄(Ⅲ)
② 電気泳動

③ 正

④ ア：少量

　イ：凝析
⑤ 疎水コロイド

⑥ ア：反対

　イ：大きい
⑦ Na_3PO_4

⑧ 負

⑨ $AlCl_3$

⑩ ミョウバン

　$(AlK(SO_4)_2 \cdot 12H_2O)$

解 説

● 水酸化鉄(Ⅲ)は，$FeO(OH)$ や $Fe_2O_3 \cdot nH_2O$ などからなる混合物なので，1つの化学式で表すことができない。→ 🔖75

$$FeCl_3 + 2H_2O \longrightarrow FeO(OH) + 3HCl$$

● 正コロイドの例として水酸化鉄(Ⅲ)，負コロイドの例として粘土を覚えておこう。

● コロイド粒子は電荷を帯びており，互いに反発し合うため，集まって沈殿せず安定に存在している。

● 疎水コロイドは無機物質が多い。

● 凝析は電解質から生じたイオンがコロイド粒子の表面に結合して表面の電荷を打ち消し，反発力を失わせるために生じる。

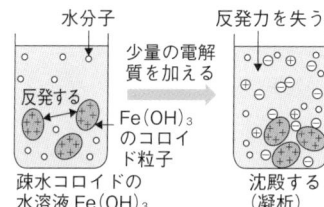

● 凝析力は，反対符号のイオンで価数が大きくなるほど大きくなる。

● ミョウバン（硫酸カリウムアルミニウム十二水和物）→ 🔖71

テーマ27 コロイド(3)

A□ ❶ ゼラチンやデンプンのコロイド溶液に［ア］の電解質を加えると沈殿（ちんでん）が生じる現象を［イ］という。

A□ ❷ 水和している水分子が多く，凝析しないコロイドを何というか。

A□ ❸ 疎水（そすい）コロイドに親水（しんすい）コロイドを加えると，親水コロイドの粒子に取り囲まれ，凝析しにくくなる。このような働きを行う親水コロイドを何というか。

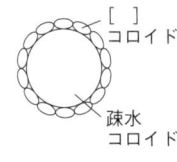
［　］コロイド
疎水コロイド

• 次の現象と関連のある語句を下から選び答えよ。

凝析　塩析（えんせき）　吸着　保護コロイド　電気泳動（でんきえいどう）
透析（とうせき）　キセロゲル　チンダル現象　ブラウン運動

B□ ❹ インクで着色した水は，活性炭（かっせいたん）の層を通すと脱色する。

B□ ❺ 大豆から得られる豆乳に，にがり（$MgCl_2$ 水溶液）を加えると，豆腐ができる。

B□ ❻ 煙突の上部で直流の電圧をかけると，煤煙（ばいえん）を除去することができる。

B□ ❼ 河口に泥が堆積（たいせき）して，三角州ができる。

B□ ❽ 炭素とニカワの混合物に水を加えると，墨汁（ぼくじゅう）になる。

B□ ❾ デンプン水溶液を限外顕微鏡（げんがいけんびきょう）で観察すると，コロイド粒子が不規則に動いているのが観察される。

B□ ❿ 半透膜（はんとうまく）を利用して血液中の不要分を取り除く。

B□ ⓫ 霧の出た夜は，自動車のヘッドライトの光が輝いて見える。

B□ ⓬ シリカゲルや凍り豆腐のように乾燥させたゲル。

64

解　答

解　説

❶ア：多量
　イ：塩析
❷親水コロイド

❸保護コロイド

●親水コロイドは，少量の電解質で
は水和水を奪うことができないが，
多量の電解質を加えると，コロイ
ド粒子から水和している水分子が
奪われて，沈殿する。

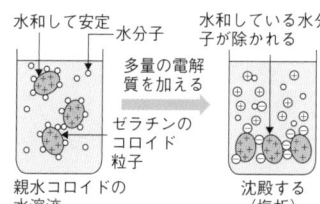

水和して安定　水分子

水和している水分
子が除かれる

多量の電解
質を加える

ゼラチンの
コロイド
粒子

親水コロイドの
水溶液

沈殿する
（塩析）

●親水コロイドは有機化合物が多い。

❹吸着

❺塩析

❻電気泳動

❼凝析
❽保護コロイド

❾ブラウン運動

❿透析
⓫チンダル現象

⓬キセロゲル

●疎水コロイドに親水コロイドを加
えると，親水コロイド粒子が疎水
コロイドの粒子を取り囲むため，
凝析が起こりにくくなる。
このような保護作用をもつ親水コ
ロイドを保護コロイドという。

● **保護コロイドの例**
（疎水コロイド－保護コロイド）
　●墨汁（炭素－ニカワ）
　●牛乳（脂肪－カゼイン）
　●インク（色素－アラビアゴム）

●煙や空気中のほこりのような，分
散媒が気体で，分散質が液体また
は固体のコロイドをエーロゾルと
いう。

反応とエンタルピー変化

A☐ **❶** すべての物質がもつ固有の大きさのエネルギーを何というか。

B☐ **❷** 化学反応が起こり，観察の対象となる物質を［**ア**］，それ以外の部分を［**イ**］という。

A☐ **❸** 系の熱を外界に放出しながら進む反応を［**ア**］反応，外界の熱を系に吸収しながら進む反応を［**イ**］反応という。

B☐ **❹** 化学エネルギーをエンタルピー H という量で表した場合，一定圧力で化学反応にともなって放出・吸収される熱量を［**ア**］という。［**ア**］は，生成物がもつエンタルピー H と反応物がもつエンタルピー H の差である［**イ**］で表せる。

［**イ**］$= H_{生成物} - H_{反応物}$

• 次の［**ア**］と［**イ**］に入る不等号を答えよ。

A☐ **❺** 発熱反応では，

$H_{反応物}$［**ア**］$H_{生成物}$

外界に熱エネルギーが放出され，系がもつエンタルピーが減少するので，ΔH［**イ**］0になる。

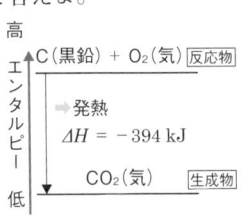

高　エンタルピー　低
C（黒鉛）+ O₂（気）反応物
➡発熱
$\Delta H = -394\ \text{kJ}$
CO₂（気）生成物

A☐ **❻** 吸熱反応では，

$H_{反応物}$［**ア**］$H_{生成物}$

外界から熱エネルギーを吸収し，系がもつエンタルピーが増加するので，ΔH［**イ**］0になる。

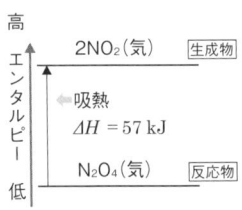

高　エンタルピー　低
2NO₂（気）生成物
➡吸熱
$\Delta H = 57\ \text{kJ}$
N₂O₄（気）反応物

C☐ **❼** 自然界における物質の構成粒子の散らばり度合，あるいは乱雑さを表す尺度を何というか。

解 答	解 説

❶ 化学エネルギー

❷ ア：系
　 イ：外界

❸ ア：発熱
　 イ：吸熱

❹ ア：反応エンタルピー（反応熱）
　 イ：エンタルピー変化 ΔH

❺ ア：>
　 イ：<

❻ ア：<
　 イ：>

❼ エントロピー S

● 化学反応では，系と外界との間で熱の出入りをともなうことが多い。

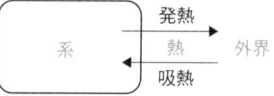

● 発熱反応では，エネルギー図の矢印は下向きになり，ΔH は負の値になる。

● 吸熱反応では，エネルギー図の矢印は上向きになり，ΔH は正の値になる。

● 反応エンタルピーは，$25\,℃$，$1.013 \times 10^5\,\mathrm{Pa}$ での値を用いる。

● 化学反応式では，左辺は反応物，右辺は生成物である。

● 物質の状態により物質がもつエンタルピーが異なるため，物質の状態を明記する。ただし，明確な場合は省略できる。水の状態は必ず書く。

● **❺**：C（黒鉛）＋ O_2（気）→ CO_2（気）
　 　　　$\Delta H = -394\,\mathrm{kJ}$

● **❻**：N_2O_4（気）→ $2NO_2$（気）
　 　　　$\Delta H = 57\,\mathrm{kJ}$

● **❼ 化学反応が自発的に進む要因**
　 エンタルピー変化 $\Delta H < 0$ のとき
　 エントロピー変化 $\Delta S > 0$ のとき

|| 反応エンタルピーの種類

A□❶ 物質 1 mol が完全燃焼するときのエンタルピー
変化を [ア] エンタルピーという。

 例 黒鉛の [ア] エンタルピーは −394 kJ/mol。
  C(黒鉛) + [イ] ⟶ [ウ] $\Delta H = -394$ kJ

A□❷ 化合物 1 mol がその成分元素の単体から生成す
るときのエンタルピー変化を [ア] エンタルピーと
いう。

 例 NH₃(気) の [ア] エンタルピーは −46 kJ/mol。
  [イ] + [ウ] ⟶ NH₃(気) $\Delta H = -46$ kJ

A□❸ 物質 1 mol を多量の溶媒に溶かしたときのエン
タルピー変化を [ア] エンタルピーという。

 例 NaCl(固) の [ア] エンタルピーは 3.9 kJ。
  NaCl(固) + [イ] ⟶ [ウ] $\Delta H = 3.9$ kJ

A□❹ 酸と塩基が反応して水 1 mol が生じるときのエ
ンタルピー変化を [ア] エンタルピーという。

 例 酸と塩基の [ア] エンタルピーは −56.5 kJ/mol。
  [イ] + [ウ] ⟶ H₂O(液) $\Delta H = -56.5$ kJ

A□❺ 物質 1 mol が液体から気体に変化するときのエ
ンタルピー変化を [ア] エンタルピーという。

 例 H₂O(液) の [ア] エンタルピーは 44 kJ/mol。
  [イ] ⟶ [ウ] $\Delta H = 44$ kJ

A□❻ 物質 1 mol が固体から液体に変化するときのエ
ンタルピー変化を [ア] エンタルピーという。

 例 H₂O(固) の [ア] エンタルピーは 6.0 kJ/mol。
  [イ] ⟶ [ウ] $\Delta H = 6.0$ kJ

A□❼ 気体分子内の共有結合 1 mol を切るときのエン
タルピー変化を [ア] エネルギーという。

 例 H−H 結合の [ア] エネルギーは 436 kJ/mol。
  [イ] ⟶ [ウ] $\Delta H = 436$ kJ

解 答

❶ア：燃焼

イ：O_2（気）

ウ：CO_2（気）

❷ア：生成

イ：$\frac{1}{2}$ N_2（気）

ウ：$\frac{3}{2}$ H_2（気）

❸ア：溶解

イ：aq

ウ：NaCl aq

❹ア：中和

イ：H^+ aq

ウ：OH^- aq

❺ア：蒸発

イ：H_2O（液）

ウ：H_2O（気）

❻ア：融解

イ：H_2O（固）

ウ：H_2O（液）

❼ア：結合

イ：H_2（気）

ウ：2H（気）

解 説

● 燃焼エンタルピー，中和エンタルピーは必ず発熱反応である。

● 蒸発エンタルピー，融解エンタルピー，結合エンタルピーは，必ず吸熱反応である。

● 生成エンタルピー，溶解エンタルピーには発熱・吸熱反応の両方がある。

●「aq」は多量の水（aqua）を示し，「NaCl aq」は塩化ナトリウム水溶液を示す。また，「Na^+ aq + Cl^- aq」も同じ意味を示す。

● 一般に，希薄な強酸と希薄な強塩基の中和エンタルピーは酸や塩基の種類にかかわらずほぼ一定で，56.5 kJ/mol である。

● 反応エンタルピー ΔH は，物質1 mol あたりのエンタルピー変化で表され，単位は〔kJ/mol〕を用いるが，化学反応式に付記するとき，係数はモルを表すので「/mol」を省略して〔kJ〕を用いる。また，係数に分数を用いてよい。

● 結合エネルギーの値と結合エンタルピーの値は，本来は異なるが同じ値が用いられることが多い。

テーマ 30 || ヘスの法則

A☐❶ 「反応エンタルピーは変化する前後の物質の状態
だけで決まり，途中の経路にはよらない」という法
則を何というか。

A☐❷ 次の(1)～(3)を用いて，CH_4(気)の燃焼エンタルピ
ー Q〔kJ/mol〕を求めよ。

C(黒鉛) + $2H_2$(気) $\longrightarrow$ CH_4(気)　$\Delta H_1 = -75$ kJ

C(黒鉛) + O_2(気) $\longrightarrow$ CO_2(気)　$\Delta H_2 = -394$ kJ

H_2(気) + $\dfrac{1}{2} O_2$(気) $\longrightarrow$ H_2O(液)　$\Delta H_3 = -286$ kJ

CH_4(気) + $2O_2$(気) $\longrightarrow$ CO_2(気) + $2H_2O$(液)

$$\Delta H = Q \text{〔kJ〕}$$

ヘスの法則より，

Q =〔ア〕+〔イ〕+〔ウ〕=〔エ〕kJ/mol

B☐❸ ある化学反応における反応エンタルピーとその反
応に関係する物質の生成エンタルピーの間には，次
の関係が成り立つ。

反応エンタルピー =〔ア〕の生成エンタルピーの和
　　　　　　　　 －〔イ〕の生成エンタルピーの和

B☐❹ CH_4(気)の燃焼エンタルピーを❸の関係より求めよ。

Q =〔ア〕-〔イ〕=〔ウ〕kJ/mol

A☐❺ 右の図は固体の NaOH 4.0 g
(0.10 mol) を 20℃ の 純 水
96 g に溶かしたときの温度変
化のグラフである。水溶液の
比熱を 4.2J/(g·K) として熱量
Q〔kJ〕を求めよ。

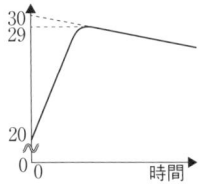

$Q = 4.2 \times 10^{-3}$ kJ/(g·K)

$\times$ (4.0 + 96) g ×〔ア〕K =〔イ〕kJ

A☐❻ 固体の NaOH の溶解エンタルピー ΔH を求めよ。

解 答

❶ ヘスの法則
（総熱量保存の法則）

❷ ア：$(-75) \times (-1)$
イ：(-394)
ウ：$(-286) \times 2$
（ア〜ウは順不同）
エ：-891

❸ ア：生成物
イ：反応物

❹ ア：(-394)
$+(-286) \times 2$
イ：(-75)
ウ：-891

❺ ア：$10(30-20)$
イ：4.2

❻ $\Delta H = -42$ kJ

解 説

● **❷** のエンタルピー変化を表した図

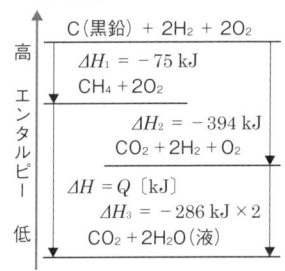

● **❷**：ヘスの法則より，
$$-75 + Q = -394$$
$$+(-286) \times 2$$
$$Q = -891 \text{ kJ/mol}$$

● **❹**：**❸**の関係より，
$$Q = \{(-394)+(-286) \times 2\}$$
$$-(-75) = -891 \text{ kJ/mol}$$

● **❺**：発生した熱を計測すると，一部は周囲へ放熱して失われる。そこで図のようにグラフを補正して（外挿して）求めた 30 ℃を用いて計算する。

● **❻**：この反応は発熱反応なので，ΔH は負の値になる。
$$\Delta H = -\frac{4.2 \text{ kJ}}{0.10} = -42 \text{ kJ}$$

- 右のエンタルピー変化を表した図について❶〜❹に答えよ。

```
                      高  2H(気) + 2Cl(気)
                      ┃   ΔH₂ = 243 kJ
                   エ  ┃   2H(気) + Cl₂(気)
                   ン  ┃   ΔH₁ = 436 kJ           ΔH₃ × 2
                   タ  ┃   H₂(気) + Cl₂(気)        = 432 kJ
                   ル  ┃                             × 2
                   ピ  ┃   ΔH = Q〔kJ〕
                   ー  ┃   2HCl(気)
                      低
```

A☐❶ H_2(気)の結合エネルギーは何 kJ/mol か。

A☐❷ Cl_2(気)の結合エネルギーは何 kJ/mol か。

A☐❸ HCl(気)の結合エネルギーは何 kJ/mol か。

A☐❹ Q〔kJ〕を求めよ。

B☐❺ ある化学反応における反応エンタルピーとその反応に関係する物質の結合エネルギーの間には、次の関係が成り立つ。

反応エンタルピー ＝［ア］の結合エネルギーの和
　　　　　　　　－［イ］の結合エネルギーの和

B☐❻ ❹の Q〔kJ〕を❺の関係より求めよ。

Q ＝［ア］－［イ］＝［ウ］kJ

B☐❼ 光（光子）がもつエネルギーはその光の波長に［ア］し、波長が短いほどエネルギーは［イ］くなる。

A☐❽ ルミノール反応やケミカルライトなど、化学変化にともない光が放出される現象を何というか。

A☐❾ ホタルやオワンクラゲのように、生物の体内で起こる化学反応によって発光する現象を何というか。

A☐❿ ハロゲン化銀の感光や光合成など、光を吸収して起こる反応を何というか。

A☐⓫ 光合成は植物が光を利用して、CO_2 と H_2O から何と何を作る反応か。

A☐⓬ 酸化チタン(IV)TiO_2 のように、光が当たると触媒の働きを示すものを何というか。

解 答

❶ $\Delta H_1 = 436$ kJ/mol

❷ $\Delta H_2 = 243$ kJ/mol

❸ $\Delta H_3 = 432$ kJ/mol

❹ -185 kJ

❺ア：反応物
　イ：生成物

❻ア：$436 + 243$
　イ：432×2
　ウ：-185

❼ア：反比例
　イ：大き

❽化学発光（化学ルミ
　ネッセンス）

❾生物発光

❿光化学反応

⓫糖類と酸素

⓬光触媒

解 説

● ❶～❸の化学反応式と ΔH

❶：$H_2(気) \rightarrow 2H(気)$

$\Delta H_1 = 436$ kJ

❷：$Cl_2(気) \rightarrow 2Cl(気)$

$\Delta H_2 = 243$ kJ

❸：$HCl(気) \rightarrow H(気) + Cl(気)$

$\Delta H_3 = 432$ kJ

● ❹：Q を化学反応式と ΔH で表す。

$H_2(気) + Cl_2(気) \rightarrow 2HCl(気)$

$\Delta H = Q$〔kJ〕

ヘスの法則より Q を求める。矢
印の向きをそろえるため Q にマ
イナスをかける。

$243 + 436 - Q = 432 \times 2$

$Q = -185$ kJ

● ❻：❺の関係より，

$Q = (436 + 243) - (432 \times 2)$

　　$= -185$ kJ

● ⓫：光合成の反応

$6CO_2(気) + 6H_2O(液)$

$\rightarrow C_6H_{12}O_6(固) + 6O_2(気)$

$\Delta H = 2803$ kJ

● ⓬：光触媒は，ビルの外壁，自動
車のドアミラーなどに利用されて
おり，付着した物質が分解しやす
くなる。

ダニエル電池

● 次のダニエル電池の図を見て答えよ。

A□❶ 電極 a に用いる金属と起こる化学変化を示せ。

[ア] ⟶ [イ] + 2e⁻

A□❷ 電極 b に用いる金属と起こる化学変化を示せ。

[ア] + 2e⁻ ⟶ [イ]

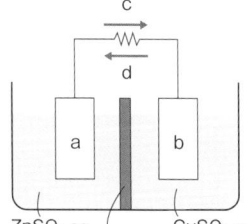

ZnSO₄ aq　素焼き板　CuSO₄ aq

A□❸ 全体の反応をイオン反応式で示せ。

A□❹ 負極は図の a, b のどちらか。

A□❺ 導線中を流れる電子と電流の向きは, それぞれ図の c, d のどちらか。

B□❻ 負極と正極の間に生じる電位差 (電圧) を何というか。

B□❼ 負極と正極のイオン化傾向の差を大きくすると ❻ はどうなるか。

C□❽ 負極を Al/Al₂(SO₄)₃ aq にすると ❻ はどうなるか。

C□❾ 長時間放電させるには CuSO₄ 水溶液の濃度をどう変化させればよいか。

C□❿ 素焼き板の役割 2 つについて答えよ。

C□⓫ 素焼き板をガラス板に変えたらどうなるか。

B□⓬ この電池の負極活物質は [ア] であり, 正極活物質は [イ] である。

B□⓭ 充電できず放電しかできない電池を何電池というか。

解 答

❶亜鉛

　ア：Zn　イ：Zn^{2+}

❷銅

　ア：Cu^{2+}　イ：Cu

❸ $Zn + Cu^{2+}$

　　$\longrightarrow Zn^{2+} + Cu$

❹ a

❺電子：c　電流：d

❻起電力

❼大きくなる

❽大きくなる

❾ $CuSO_4$ 水溶液の濃度を高くする。

❿・二液の混合を防ぐ。
　・イオンを通して電気的に接続する。

⓫電流は流れない。

⓬ア：Zn　イ：Cu^{2+}

⓭一次電池

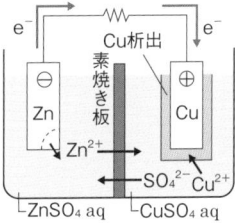

解 説

● 自発的に起こる酸化還元反応を利用して，化学エネルギーを電気エネルギーに変える装置を電池という。

● 電子を放出する極を負極，受けとる極を正極という。

　　　電子：負 ⟶ 正
　　　電流：正 ⟶ 負

● 電池で酸化還元反応が生じている物質を活物質という。

● 両極間に生じる電位差（電圧）を電池の起電力といい，単位は V（ボルト）を用いる。

● ダニエル電池は 1836 年，イギリスのダニエルが発明した。最初の電池は 1800 年，イタリアのボルタが発明した。

● ダニエル電池の電池式
　$(-)Zn|ZnSO_4\ aq|CuSO_4\ aq$
　　　　　　　　　　　$|Cu(+)$

● 起電力を大きくする要因
　・両極間のイオン化傾向の差を大きくする。
　・電解液の濃度を，負極側は低く，正極側は高くする。

テーマ 33 | 鉛蓄電池

• 次の鉛蓄電池（なまりちくでんち）の図を見て答えよ。

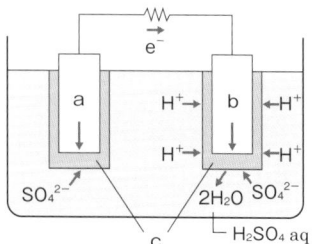

A☐❶ 負極は a, b のどちらか。

A☐❷ 電極 a に使う物質は何か。

A☐❸ 電極 b に使う物質は何か。

A☐❹ 両極板上に析出（せきしゅつ）する c は何か。

A☐❺ 電極 a で起こった化学変化を示せ。
[❷] + [ア] ⟶ [❹] + [イ]

A☐❻ 電極 b で起こった化学変化を示せ。
[❸] + $4H^+$ + SO_4^{2-} + [ア] ⟶ [❹] + [イ]

B☐❼ 両極で起こった反応をまとめて示せ。

B☐❽ 放電すると，硫酸水溶液の濃度はどうなるか。

C☐❾ 1 mol の電子が放電したとき，電解液中の硫酸，水，硫酸水溶液はそれぞれ何 g 増加または減少するか。

B☐❿ 放電すると，負極の質量はどうなるか。

B☐⓫ 放電すると，正極の質量はどうなるか。

C☐⓬ 1 mol の電子が放電したとき，負極と正極はそれぞれ何 g 増加または減少するか。

B☐⓭ 充電するとき，外部の電源装置の負極を鉛蓄電池のどの極につなげればよいか。

B☐⓮ 充放電可能な電池を何電池というか。

解 答

解 説

● 鉛蓄電池の電池式

$$(-)Pb\,|\,H_2SO_4\;aq\,|\,PbO_2(+)$$

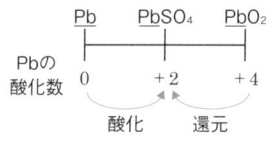

● 鉛蓄電池の反応

$$(-)Pb + SO_4^{2-}$$
$$\longrightarrow PbSO_4 + 2e^-$$
$$(+)PbO_2 + 4H^+ + SO_4^{2-} + 2e^-$$
$$\longrightarrow PbSO_4 + 2H_2O$$

反応式を1つにまとめる。

$$Pb + PbO_2 + 2H_2SO_4$$
$$\xrightarrow{2e^-} 2PbSO_4 + 2H_2O$$

合わせた電子の係数と反応式の係数は比例する。

● 鉛蓄電池が放電すると，負極・正極とも質量は増加する。また電解液の希硫酸の密度や濃度は減少する。

● 負極：2 mol の電子が放電したとき，SO_4 1 mol（96 g）増加。
正極：2 mol の電子が放電したとき，SO_2 1 mol（64 g）増加。

● 鉛蓄電池を充電するときは，電源装置の負極を電池の負極に，正極を正極につなぎ，起電力以上の電圧をかける。

❶ a
❷ 鉛 Pb
❸ 酸化鉛（Ⅳ）PbO_2
❹ 硫酸鉛（Ⅱ）$PbSO_4$
❺ ア：SO_4^{2-}
　イ：$2e^-$
❻ ア：$2e^-$
　イ：$2H_2O$
❼ $Pb + PbO_2 + 2H_2SO_4$
　$\longrightarrow 2PbSO_4 + 2H_2O$
❽ 低くなる
❾ 硫酸：98 g 減少
　水：18 g 増加
　硫酸水溶液：80 g
　　　　　　減少
❿ 増加する
⓫ 増加する
⓬ 負極：48 g 増加する
　正極：32 g 増加する
⓭ 負極
⓮ 二次電池

A☐❶ 水素－酸素燃料電池の負極活物質と正極活物質を答えよ。

A☐❷ リン酸型の水素－酸素燃料電池の負極と正極での反応を示せ。

A☐❸ アルカリ（KOH）型の水素－酸素燃料電池の負極と正極での反応を示せ。

B☐❹ 燃料電池の電極として用いられている炭素には，触媒（しょくばい）として主に何が含まれているか。

B☐❺ 一般的なマンガン乾電池の負極活物質（かつぶっしつ）は何か。

B☐❻ 一般的なマンガン乾電池の正極活物質は何か。

B☐❼ 一般的なマンガン乾電池の正極側に電極として用いられている物質は何か。

C☐❽ 一般的なマンガン乾電池の電解液（でんかい）として主に使われている 2 種類の化合物は何か。

C☐❾ マンガン乾電池の電解液に KOH 水溶液を用いた一次電池を何というか。

C☐❿ 負極活物質に Zn，正極活物質に Ag_2O を用いた一次電池を何というか。

C☐⓫ 負極活物質に Li を用い，無機塩を有機溶媒に溶かした電解液を用いた一次電池を何というか。

C☐⓬ 負極活物質に水素吸蔵合金，正極活物質に $NiO(OH)$ を用いた二次電池を何というか。

B☐⓭ 負極活物質に Li と C（黒鉛）の化合物，正極活物質に $LiCoO_2$ を用いた二次電池を何というか。

B☐⓮ ⓭ は起電力が約 4.0 V と大きく，［ア］型で［イ］量なので，スマートフォンやノートパソコン，デジタルカメラなど幅広く使われている。

C☐⓯ ケイ素の半導体を用いて，光エネルギーを直接電気エネルギーに変える発電装置を何というか。

解答

❶負極活物質：水素
(H_2)

正極活物質：酸素
(O_2)

❷負極：$H_2 \longrightarrow 2H^+ + 2e^-$

正極：$O_2 + 4H^+ + 4e^- \longrightarrow 2H_2O$

❸負極：$H_2 + 2OH^- \longrightarrow 2H_2O + 2e^-$

正極：$O_2 + 2H_2O + 4e^- \longrightarrow 4OH^-$

❹白金（Pt）

❺亜鉛（Zn）

❻酸化マンガン（Ⅳ）
(MnO_2)

❼炭素（C）

❽塩化亜鉛（ZnCl₂）
塩化アンモニウム（NH₄Cl）

❾アルカリマンガン乾電池

❿酸化銀電池

⓫リチウム電池

⓬ニッケル・水素電池

⓭リチウムイオン電池

⓮ア：小
イ：軽

⓯太陽電池

解説

● リン酸型燃料電池の図

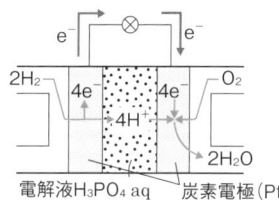

$$2H_2 \quad 4e^- \quad 4e^- \quad O_2$$
$$4H^+$$
$$2H_2O$$
電解液H_3PO_4 aq　炭素電極（Pt）

● KOH 型燃料電池の半反応式は，H_3PO_4 型の半反応式の両辺に OH^- を加えて H^+ を中和するように整理する。

● マンガン乾電池の電池式
$$(-)Zn\,|\,ZnCl_2\ aq \cdot NH_4Cl\ aq\,|\,MnO_2(+)$$

● アルカリマンガン乾電池
$$(-)Zn\,|\,KOH\ aq\,|\,MnO_2(+)$$

● 酸化銀電池は，放電後は長く一定の起電力を保つ。
$$(-)Zn\,|\,KOH\ aq\,|\,Ag_2O(+)$$

● リチウム電池は 3 V よりも高い起電力が得られる。
$$(-)Li\,|\,LiClO_4\ aq\,|\,MnO_2(+)$$

● ニッケル・水素電池
$$(-)MH\,|\,KOH\ aq\,|\,NiO(OH)(+)$$
オキシ水酸化ニッケル

● リチウムイオン電池
$$(-)LiC_6\,|\,有機溶媒\,|\,Li_{(1-x)}CoO_2(+)$$

テーマ 35 電気分解

A☐❶ 電気分解の装置において,
電源装置の正極と接続した
電極を [ア] 極, 負極に接続
した電極を [イ] 極という。

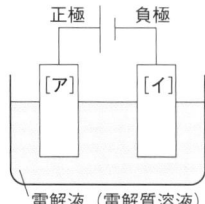

正極　　負極

[ア]　　[イ]

電解液 (電解質溶液)

A☐❷ 電気分解の陰極, 陽極, 電
池の負極, 正極ではそれぞれ
酸化, 還元のどちらが起こっ
ているか。

A☐❸ 電解液に Cu^{2+} が含まれるときの陰極の反応。

$$Cu^{2+} + [ア] \longrightarrow [イ]$$

A☐❹ 電解液に H^+ が多く含まれるときの陰極の反応。

$$2H^+ + [ア] \longrightarrow [イ]$$

A☐❺ 電解液にイオン化傾向の大きい金属イオン (Na^+
など) が含まれるときの陰極の反応。

$$2H_2O + [ア] \longrightarrow [イ] + 2OH^-$$

A☐❻ 陽極に Cu を用いたときの陽極の反応。

$$Cu \longrightarrow [ア] + [イ]$$

A☐❼ 陽極が C で, 電解液に Cl^- が含まれるときの陽
極の反応。

$$2Cl^- \longrightarrow [ア] + [イ]$$

A☐❽ 陽極が C や Pt で, 電解液に OH^- が多く含まれ
るときの陽極の反応。

$$4OH^- \longrightarrow [ア] + 2H_2O + [イ]$$

A☐❾ 陽極が C や Pt で, 電解液に SO_4^{2-} や NO_3^- が
多く含まれるときの陽極の反応。

$$2H_2O \longrightarrow [ア] + 4H^+ + [イ]$$

解　答

❶ア：陽
　イ：陰

❷陰極：還元
　陽極：酸化
　負極：酸化
　正極：還元

❸ア：2e⁻　イ：Cu

❹ア：2e⁻　イ：H₂

❺ア：2e⁻　イ：H₂

❻ア：Cu²⁺　イ：2e⁻
　（アとイは順不同）

❼ア：Cl₂　イ：2e⁻
　（アとイは順不同）

❽ア：O₂　イ：4e⁻
　（アとイは順不同）

❾ア：O₂　イ：4e⁻
　（アとイは順不同）

解　説

● 電解質の水溶液や高温の融解塩に，
外部から直流電流を流して，強制
的に酸化還元反応を起こさせるこ
とを電気分解（電解）という。

● 電気分解の装置では，直流電源の
正極につないだ電極を陽極，負極
につないだ電極を陰極と呼ぶ。

● 陽極では酸化反応，陰極では還元
反応が起こる。

● CuCl₂ 水溶液の電気分解

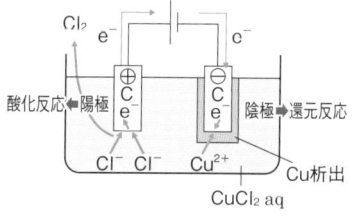

$$(-)C : Cu^{2+} + 2e^- \longrightarrow Cu$$
$$(+)C : 2Cl^- \longrightarrow Cl_2 + 2e^-$$

- $CuSO_4$ 水溶液の電気分解

B☐ ❶ 陰極 Pt：[ア] + 2e⁻ ⟶ [イ]

B☐ ❷ 陽極 Pt：[ア] ⟶ [イ] + 4H⁺ + 4e⁻

- NaCl 水溶液の電気分解（水酸化ナトリウムの製法）

B☐ ❸ 陰極 C：[ア] + 2e⁻ ⟶ [イ] + 2OH⁻

B☐ ❹ 陽極 C：[ア] ⟶ [イ] + 2e⁻

- H_2SO_4 水溶液の電気分解

B☐ ❺ 陰極 Pt：[ア] + 2e⁻ ⟶ [イ]

B☐ ❻ 陽極 Pt：[ア] ⟶ [イ] + 4H⁺ + 4e⁻

- NaOH 水溶液の電気分解

B☐ ❼ 陰極 Pt：[ア] + 2e⁻ ⟶ [イ] + 2OH⁻

B☐ ❽ 陽極 Pt：[ア] ⟶ [イ] + 2H₂O + 4e⁻

- $CuSO_4$ 水溶液の電気分解（銅の電解精錬）

B☐ ❾ 陰極 Cu：[ア] + 2e⁻ ⟶ [イ]

B☐ ❿ 陽極 Cu：[ア] ⟶ [イ] + 2e⁻

A☐ ⓫ 1 A の電流が 1 秒間流れたときの電気量は何 C か。

B☐ ⓬ 2.0 A の電流が 1 時間流れたときの電気量は何 C か。

A☐ ⓭ 電子 1 mol が流れたときの電気量の絶対値を何というか。

$$F = 9.65 \times 10^4 \text{ C/mol}$$

B☐ ⓮ 0.10 mol の電子が流れたときの電気量は何 C か。

[ア] × [イ] = [ウ] C

B☐ ⓯ 10 A の電流が 965 秒間流れたときに流れる電子は何 mol か。

$$\frac{[ア] \times [イ]}{[ウ]} = [エ] \text{ mol}$$

解　答

❶ ア：Cu^{2+}　イ：Cu
❷ ア：$2H_2O$　イ：O_2

❸ ア：$2H_2O$　イ：H_2
❹ ア：$2Cl^-$　イ：Cl_2

❺ ア：$2H^+$　イ：H_2
❻ ア：$2H_2O$　イ：O_2

❼ ア：$2H_2O$　イ：H_2
❽ ア：$4OH^-$　イ：O_2

❾ ア：Cu^{2+}　イ：Cu
❿ ア：Cu　イ：Cu^{2+}
⓫ 1 C
⓬ 7.2×10^3 C

⓭ファラデー定数
⓮ ア：0.10
　イ：9.65×10^4
　（アとイは順不同）
　ウ：9.7×10^3
⓯ア：10　イ：965
　（アとイは順不同）
　ウ：9.65×10^4
　エ：0.10

解　説

● 水を電気分解するときは，溶液の電気伝導性をよくするために，少量の $NaOH$ や H_2SO_4 を加える。

● 電気量の単位を C（クーロン）という。

● 1 A の電流が 1 秒流れたときの電気量が 1 C である。

● 電子 1 mol が流れたときの電気量の絶対値をファラデー定数 F という。$F = 9.65 \times 10^4$ C/mol

● 電気分解の法則（ファラデーの法則）
（ファラデー［英］，1833 年）
電気分解では，通じた電気量と変化する物質の物質量は比例する。

● ⓬：1 時間は 60 秒 × 60 ＝ 3600 秒より，
　2.0 A × 3600 秒
　＝ 7200 C

● ⓮：0.1 mol × 9.65×10^4 C/mol
　＝ $9.65 \times 10^3 ≒ 9.7 \times 10^3$ C

● 流れた電子の物質量を求める式
$$e^- \text{［mol］} = \frac{i\,\text{［A］} \times t\,\text{［秒］}}{F\,\text{［C/mol］}}$$

● ⓯：$\dfrac{10\,\text{A} \times 965\,\text{秒}}{9.65 \times 10^4\,\text{C/mol}} = 0.10\,\text{mol}$

- 右の図のように，$AgNO_3$ 水溶液 200 mL に炭素電極を入れ，2.0 A の直流電流を 965 秒間通じて電気分解を行った。

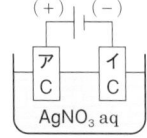

A ☐ ❶ 陰極はアとイのどちらか。

B ☐ ❷ 図の陰極での反応をイオン反応式で示せ。

$$[ア] + e^- \longrightarrow [イ]$$

B ☐ ❸ 図の陽極での反応をイオン反応式で示せ。

$$[ア] \longrightarrow [イ] + 4H^+ + 4e^-$$

B ☐ ❹ 流れた e^- は何 mol か。

$$\frac{[ア] \times [イ]}{[ウ]} = [エ] \text{ mol}$$

B ☐ ❺ 生じた Ag は何 mol か。

反応式より，$e^- : Ag = 1 : 1$
よって，$e^- = Ag = [\quad]$ mol

B ☐ ❻ 生じた Ag（原子量 108）は何 g か。

$$[ア] \text{ mol} \times 108 \text{ g/mol} = [イ] \text{ g}$$

B ☐ ❼ 発生した O_2 は何 mol か。

反応式より，$e^- : O_2 = 4 : 1$

よって，$O_2 = [ア] \text{ mol} \times \dfrac{1}{4} = [イ]$ mol

B ☐ ❽ ❼ の O_2 は 0 ℃，1.013×10^5 Pa で何 mL か。

$$[ア] \text{ mol} \times 22.4 \times 10^3 \text{ mL/mol} = [イ] \text{ mL}$$

C ☐ ❾ 電気分解後，水溶液の pH はいくらか。体積変化はないものとする。

電解で生じた H^+〔mol〕
$e^- : H^+ = 1 : 1$ より，$[ア]$ mol
電解後の $[H^+]$〔mol/L〕，pH

$$\frac{[イ] \text{ mol}}{[ウ] \text{ L}} = [エ] \text{ mol/L} \text{ より，pH} = [オ]$$

解答

❶ イ

❷ ア：Ag^+
  イ：Ag

❸ ア：$2H_2O$
  イ：O_2

❹ ア：2.0　イ：965
  （アとイは順不同）
  ウ：9.65×10^4
  エ：0.020

❺ 0.020

❻ ア：0.020
  イ：2.16

❼ ア：0.020
  イ：0.0050

❽ ア：0.0050
  イ：112

❾ ア：0.020
  イ：0.020
  ウ：0.2
  エ：1.0×10^{-1}
  オ：1.0

解説

● 電池と電気分解の極のつなぎ方
  $$\begin{cases} 負極(-) \Rightarrow 陰極(-) \\ 正極(+) \Rightarrow 陽極(+) \end{cases}$$

● 陰極で起こる反応：溶液中の Ag^+ が還元されて，Ag が電極上に析出する。
  $$Ag^+ + e^- \longrightarrow Ag$$

● 陽極で起こる反応：溶液中の H_2O が酸化されて O_2 が発生する。
  $$2H_2O \longrightarrow O_2 + 4H^+ + 4e^-$$

● 流れた e^-〔mol〕は，
  $$e^-\,〔mol〕= \frac{i\,〔A〕\times t\,〔秒〕}{F\,〔C/mol〕}$$
  で求めることができる。

● 陰極に析出した Ag は，流れた e^- の物質量と等しい。

● 陽極で発生した O_2 は，流れた e^- の物質量の $\frac{1}{4}$ である。

● $AgNO_3$ は強酸と弱塩基からなる塩なので，水溶液は加水分解によって弱酸性を示すが，電解で生じた H^+ が非常に多いので，その H^+ だけで電解後の pH を求める。

● pH の計算 ➡ 🖊 44

A□❶ 化学反応の速さは，単位時間あたりの反応物または生成物の［ア］で表す。

$$反応速度 = \frac{|反応物（生成物）の［ア］|}{［イ］}$$

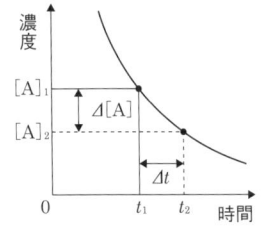

• 反応 A ⟶ 2B における右の濃度と時間の関係のグラフを見て答えよ。

B□❷ $t_1 \rightarrow t_2$ 間における A の反応速度 v_A を表せ。

$$v_A = -\frac{［ア］}{［イ］} = -\frac{\varDelta[A]}{\varDelta t}$$

B□❸ $t_1 \rightarrow t_2$ 間における B の反応速度 v_B を v_A を用いて表せ。

A：B = 1：2 より，$v_A : v_B = ［ア］：［イ］$

∴ $v_B = ［ウ］$

A□❹ 反応途中の不安定な高エネルギーの状態 a を何というか。

A□❺ 反応が起こるために必要なエネルギー b を何というか。

A□❻ 反応物と生成物のエネルギーの差に相当する c を何というか。

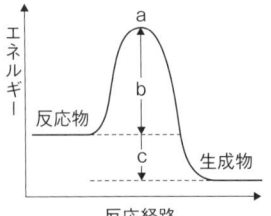

解　答	解　説
❶ア：濃度の変化量 　**イ**：反応時間	●化学反応には，火薬の爆発のような速い反応と，鉄が錆びるような遅い反応がある。
	●❶ の式の｜　　｜は絶対値を表す。
	●物質 A のモル濃度〔mol/L〕は，一般に [A] で表される。
	●反応速度 v は常に正の値になる。
❷ア：$[A]_2 - [A]_1$ 　**イ**：$t_2 - t_1$	●❷：物質 A は反応物なので，濃度の変化量はマイナスになる。よって，式にマイナスをつけ正の値にする。
❸ア：1 　**イ**：2 　**ウ**：$2v_A$	●❸：各反応速度の比は，反応式の係数の比に等しい。
❹遷移状態（活性化状態）	●化学反応が進行するには，反応物が衝突し，不安定な中間状態（活性錯体）を経なければならない。このようなエネルギーの高い状態を遷移状態（活性化状態）という。
❺活性化エネルギー	●遷移状態のエネルギーと反応物のもつエネルギーの差を（正反応の）活性化エネルギーという。
❻反応エンタルピー	

A▢❶　一般に，反応の速さは反応物の濃度が大きいほど
　　　［　］なる。

A▢❷　❶の理由は，単位時間あたりの粒子の［　］が増
　　　加するからである。

・反応 A + B ⟶ C において，反応の速さと濃度との
　関係を示した式 $v = k[A]^x[B]^y$ について答えよ。

B▢❸　この式を何というか。

B▢❹　k を何というか。

B▢❺　x, y を何というか。

B▢❻　x, y の数字はどのようにして求められるか。

C▢❼　X と Y が反応して Z が生じる反応がある。[X]
　　　だけを 2 倍にすると反応速度 v は 4 倍になり，[Y]
　　　だけを 2 倍にすると v は 2 倍になった。反応速度
　　　定数を k とし，[X]，[Y] を用いて，この反応の反
　　　応速度式を表せ。

A▢❽　一般に，反応の速さは温度が高くなるほど［　］
　　　なる。

B▢❾　10℃ 上昇につき，反応の速さは［ア］～［イ］倍速
　　　くなる。

B▢❿　10℃ 上昇につき反応の速さが 2 倍速くなる反応
　　　のとき，30℃ 上昇したら何倍速くなるか。

C▢⓫　右の図の a，b のう
　　　ち，高温はどちらか。

C▢⓬　❽ の理由は，c 以
　　　上のエネルギーをもつ
　　　分子数が増加するため
　　　である。c を何という
　　　か。

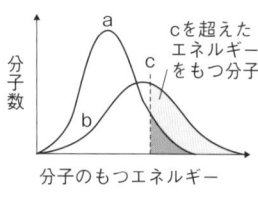

解　答

❶ 大きく

❷ 衝突回数

❸ 反応速度式
❹ 反応速度定数
❺ 反応次数
❻ 反応次数は実験によって求められる。
❼ $v = k[\mathrm{X}]^2[\mathrm{Y}]$

❽ 大きく

❾ ア：2
　 イ：4
❿ 8倍

⓫ b

⓬ 活性化エネルギー

解　説

● 反応の速さと反応物の濃度の関係を表す式を反応速度式という。

● 反応速度定数 k は，温度や触媒の存在で変化するが，反応物の濃度の大小には無関係である。

● 反応次数は実験によって求められるもので，化学反応式の係数に必ずしも一致しない。

● $x + y$ の値が全体の反応次数になる。
　　例　$v = k[\mathrm{H_2}][\mathrm{I_2}]$
　　この反応は二次反応である。

● 温度が高くなると，活性化エネルギーを超えるエネルギーをもつ分子が急激に増加するので，反応速度も速くなる。

● ❿ の 式
　　$2^{\frac{30}{10}} = 2^3 = 8$〔倍〕

● ❿ と同じ条件で温度が 100℃ 高くなったときの反応速度は，
　　$2^{\frac{100}{10}} = 2^{10} = 1024$〔倍〕
　　速くなる。

A□❶　反応前後でそれ自身は変化せず，少量で共存する他の反応の速さを大きくするような物質を何というか。

B□❷　硫酸の工業的製法で用いる触媒は何か。

A□❸　硫酸の工業的製法の名称を答えよ。

B□❹　アンモニアの工業的製法で用いる触媒は何か。

A□❺　アンモニアの工業的製法の名称を答えよ。

B□❻　硝酸の工業的製法で用いる触媒は何か。

A□❼　硝酸の工業的製法の名称を答えよ。

●右の図は，
$H_2 + I_2 \rightleftarrows 2HI$ の反応の経路とエネルギーを示したものである。次の問いに図を見て a ～ d の記号を用いて示せ。

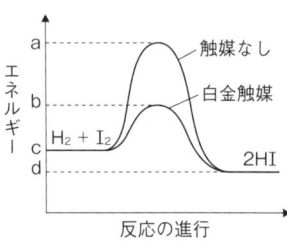

B□❽　触媒を用いないときの正反応の活性化エネルギー

B□❾　触媒を用いないときの逆反応の活性化エネルギー

B□❿　白金触媒を用いたときの正反応の活性化エネルギー

B□⓫　白金触媒を用いたときの逆反応の活性化エネルギー

B□⓬　触媒なしのときの正反応の反応エンタルピー

B□⓭　触媒なしのときの逆反応の反応エンタルピー

B□⓮　触媒ありのときの正反応の反応エンタルピー

B□⓯　触媒ありのときの逆反応の反応エンタルピー

解　答

❶ 触媒

❷ 酸化バナジウム（V）
V_2O_5

❸ 接触法

❹ 四酸化三鉄 Fe_3O_4
（鉄系触媒）

❺ ハーバー・ボッシュ
法

❻ 白金 Pt

❼ オストワルト法

❽ a － c

❾ a － d

❿ b － c

⓫ b － d

⓬ $\Delta H = d － c$

⓭ $\Delta H = c － d$

⓮ $\Delta H = d － c$

⓯ $\Delta H = c － d$

解　説

● 化学反応の速さを大きくするが，反応の前後で自身は変化しない物質を触媒という。

● **接触法中の V_2O_5 を用いる反応**
$2SO_2 + O_2 \longrightarrow 2SO_3$ ➡ 🖊57

● **ハーバー・ボッシュ法の反応**
➡ 🖊58
$N_2 + 3H_2 \longrightarrow 2NH_3$

● **オストワルト法中の Pt を用いる反応**　　➡ 🖊59
$4NH_3 + 5O_2 \longrightarrow 4NO + 6H_2O$

● 右向きの反応を正反応，左向きの反応を逆反応という。➡ 🖊41

● 触媒を用いると反応の経路が変わって，用いないときに比べて活性化エネルギーが小さくなるため，反応の速度は大きくなるが，反応エンタルピーは変わらない。

● 触媒は工業製品をつくるほかに，工場排煙中の窒素酸化物・硫黄酸化物や，自動車の排ガスの窒素酸化物・一酸化炭素などを除去するために使われている。

B☐❶ $H_2 + I_2 \rightleftarrows 2HI$ のように，どちらの向きにも起こりうる反応を何というか。

B☐❷ $Zn + 2HCl \longrightarrow ZnCl_2 + H_2$ のように，一方向しか進まない反応を何というか。

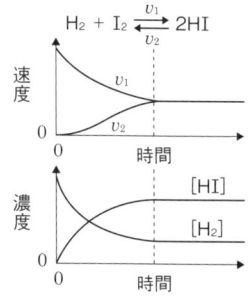

B☐❸ 右向きに進む反応を何というか。

B☐❹ 左向きに進む反応を何というか。

A☐❺ 可逆反応において，[ア]と[イ]の速さが等しくなった状態を[ウ]という。

B☐❻ ❺の状態では，反応はどのように見えるか。

・可逆反応 $aA + bB \rightleftarrows cC + dD$ において，平衡状態にあるときについて次の問いに答えよ。

A☐❼ 平衡定数 K を求める式を示せ。

B☐❽ 平衡定数 K は，温度が一定ならば，反応に固有の[　]の値をとる。

B☐❾ ❼の式で表される法則を何というか。

B☐❿ 気体反応の平衡定数は，モル濃度の代わりに分圧を用いて表すこともある。これを何というか。

・次の反応の平衡定数を求める式を書け。

A☐⓫ $H_2 + I_2 \rightleftarrows 2HI$

A☐⓬ $N_2 + 3H_2 \rightleftarrows 2NH_3$

A☐⓭ $2NO_2 \rightleftarrows N_2O_4$

解答

❶可逆反応

❷不可逆反応

❸正反応

❹逆反応

❺ア：正反応
イ：逆反応
（アとイは順不同）
ウ：化学平衡の状態
（平衡状態）

❻見かけ上，反応が止まったように見える。

❼ $K = \dfrac{[\mathrm{C}]^c[\mathrm{D}]^d}{[\mathrm{A}]^a[\mathrm{B}]^b}$

❽一定

❾化学平衡の法則

❿圧平衡定数

⓫ $K = \dfrac{[\mathrm{HI}]^2}{[\mathrm{H}_2][\mathrm{I}_2]}$

⓬ $K = \dfrac{[\mathrm{NH}_3]^2}{[\mathrm{N}_2][\mathrm{H}_2]^3}$

⓭ $K = \dfrac{[\mathrm{N}_2\mathrm{O}_4]}{[\mathrm{NO}_2]^2}$

解説

● 可逆反応において，正反応と逆反応の反応速度が等しくなって見かけ上，反応が停止した状態を化学平衡の状態（平衡状態）という。

● 平衡状態のとき，温度一定なら各物質のモル濃度の間に ❼ の式が成立する。この関係を化学平衡の法則という。

● 気体間の可逆反応では，濃度の代わりに平衡状態における分圧を用いて平衡定数を表す場合もある。これを圧平衡定数といい，K_P で表す。

● **温度と体積が一定のとき**

$PV = nRT$ より，$\dfrac{n}{V} = \dfrac{P}{RT}$

よって，気体の濃度 $\dfrac{n}{V}$ と圧力 P は比例する。

● **⓫〜⓭ の圧平衡定数 K_P を求める式**

⓫：$K_\mathrm{P} = \dfrac{P_{\mathrm{HI}}{}^2}{P_{\mathrm{H}_2} \cdot P_{\mathrm{I}_2}}$

⓬：$K_\mathrm{P} = \dfrac{P_{\mathrm{NH}_3}{}^2}{P_{\mathrm{N}_2} \cdot P_{\mathrm{H}_2}{}^3}$

⓭：$K_\mathrm{P} = \dfrac{P_{\mathrm{N}_2\mathrm{O}_4}}{P_{\mathrm{NO}_2}{}^2}$

- ある一定容積の容器に，4.0 mol の H_2 と 2.5 mol の I_2 を入れて一定温度に保つと，$H_2 + I_2 \rightleftarrows 2HI$ の平衡状態に達した。このとき，HI が 4.0 mol 生じていた。

B☐❶ この反応の量的関係を求めよ。

〔mol〕	H_2 +	I_2 $\rightleftarrows$	2HI
反応前	4.0	2.5	0
変化量	〔ア〕	〔イ〕	〔ウ〕
平衡時	〔エ〕	〔オ〕	4.0

➡ 係数比に一致する

B☐❷ 体積を V〔L〕としたときの，平衡状態での各成分の濃度を求めよ。

$$[H_2] = 〔カ〕$$
$$[I_2] = 〔キ〕$$
$$[HI] = 〔ク〕$$

B☐❸ 平衡定数 K を求めよ。

$$K = \frac{[HI]^2}{[H_2][I_2]} = [\quad]$$

C☐❹ 同じ容器，同じ温度で 1.0 mol の H_2 と I_2 を入れて，一定温度を保った。平衡状態に達したとき，生じた HI の物質量〔mol〕を求めよ。

解　答

❶ ア：-2.0

イ：-2.0

ウ：$+4.0$

エ：2.0

オ：0.5

❷ カ：$\dfrac{2.0}{V}$

キ：$\dfrac{0.5}{V}$

ク：$\dfrac{4.0}{V}$

❸ 16（単位なし）

$\left(\begin{array}{l} K を求める式が \\ \dfrac{[\mathrm{mol/L}]^2}{[\mathrm{mol/L}]^2} なので, \\ この反応では単位 \\ はない。 \end{array} \right.$

❹ 1.3 mol

解　説

● 量的関係の表中の変化量は，係数比に一致し，反応物（左辺）は減少するのでマイナスになり，生成物（右辺）は増加するのでプラスになる。

● **❸** の式

$$K = \dfrac{\left(\dfrac{4.0}{V} \right)^2}{\left(\dfrac{2.0}{V} \right)\left(\dfrac{0.5}{V} \right)} = 16$$

● **❹**：生じた HI を $2x$〔mol〕とする。

〔mol〕	H_2	$+$	I_2	$\rightleftharpoons$	2HI
反応前	1.0		1.0		0
変化量	$-x$		$-x$		$+2x$
平衡時	$1.0-x$		$1.0-x$		$2x$

温度が一定なので平衡定数は変わらない。

$$16 = \dfrac{\left(\dfrac{2x}{V} \right)^2}{\left(\dfrac{1.0-x}{V} \right)^2}$$

両辺を平方根でひらくと，

$$4 = \dfrac{2x}{1.0-x} \ (x > 0)$$

より，HI〔mol〕は，$2x \fallingdotseq 1.33$ mol

平衡移動の原理

A☐❶ ある反応が平衡状態にあるとき，濃度，圧力，温度などを変化させると，その影響をやわらげる向きに反応が進み，新しい平衡状態に達する。この原理を何というか。

・次の各反応が平衡状態にあるとき，（　）に示す条件変化によって，平衡はどちらに移動するか。「右」，「左」，「移動しない」で答えよ。

A☐❷ $3O_2 \rightleftharpoons 2O_3$ $\Delta H = +284$ kJ （温度を上げる）

A☐❸ $H_2 + I_2 \rightleftharpoons 2HI$ $\Delta H = -9.0$ kJ （温度を下げる）

A☐❹ $2CO + O_2 \rightleftharpoons 2CO_2$ （圧力を小さくする）

C☐❺ $C(黒鉛) + H_2O(気) \rightleftharpoons CO(気) + H_2(気)$
（圧力を大きくする）

A☐❻ $N_2O_4 \rightleftharpoons 2NO_2$ （体積を小さくする）

A☐❼ $H_2 + Cl_2 \rightleftharpoons 2HCl$ （体積を大きくする）

C☐❽ $N_2 + 3H_2 \rightleftharpoons 2NH_3$
（体積を一定に保ちながら Ar を加える）

C☐❾ $N_2 + 3H_2 \rightleftharpoons 2NH_3$
（全圧を一定に保ちながら Ar を加える）

B☐❿ $CH_3COOH \rightleftharpoons CH_3COO^- + H^+$
（水酸化ナトリウムの固体を加える）

B☐⓫ $CH_3COOH \rightleftharpoons CH_3COO^- + H^+$
（酢酸ナトリウムの水溶液を加える）

B☐⓬ $H_2S \rightleftharpoons H^+ + HS^-$ （塩酸を加える）

B☐⓭ $2SO_2 + O_2 \rightleftharpoons 2SO_3$ （触媒を加える）

解 答	解 説

❶平衡移動の原理
（ルシャトリエの原理）

● ❷：吸熱方向へ。

● ❸：発熱方向へ。

● ❹：分子数増加方向へ（係数の和が大きい方向へ）。

● ❺：分子数減少方向へ。ただし，固体の濃度は常に一定とみなせるので平衡移動に影響しない。

❷右
❸右
❹左
❺左

● ❻：体積を小さくすると圧力は大きくなるので，分子数減少方向へ。

❻左
❼移動しない
❽移動しない

● ❼：分子数増加方向だが両辺の係数の和が等しいので移動しない。

● ❽：Ar が加わっても各成分の分圧は変化しないので移動しない。

❾左

● ❾：Ar が加わると全圧を一定に保つために体積が増加する。よって各分圧は小さくなり，分子数増加方向へ。

❿右

● ❿：中和されて H^+ が減少するので増加方向へ。

⓫左

● ⓫：CH_3COO^- が増加するので共通イオン効果により減少方向へ。

⓬左
⓭移動しない

● ⓬：H^+ が増加するので共通イオン効果により減少方向へ。

● ⓭：触媒を加えると反応速度は変化するが，平衡は移動しない。

第1章

第2章

第3章

第4章

第5章

A☐❶ 水が電離する式を示せ。

$$H_2O \rightleftharpoons [ア] + [イ] \quad (\Delta H = 56.5 \text{ kJ})$$

A☐❷ 水の電離度は小さく，25℃における H^+ と OH^- の濃度は，$[H^+] = [OH^-] = [\quad]$ mol/L である。

A☐❸ 温度一定のとき，水溶液の性質によらず，$[H^+]$ と $[OH^-]$ の積は常に一定の値 K_w を示す。この K_w を何というか。

A☐❹ 25℃のとき，K_w はいくつになるか。

C☐❺ 60℃のとき，K_w は ❹ より大きいか小さいか。

B☐❻ $-\log_{10}[H^+]$ の式で表される数値を何というか。

B☐❼ 0.020 mol/L の塩酸の pH はいくつか。
$\log_{10} 2.0 = 0.30$ とする。

水中で HCl は完全に電離しているので，

$$[H^+] = 2.0 \times [ア] \text{ (mol/L)}$$

$$\therefore \quad pH = -\log_{10}(2.0 \times [ア])$$

$$= -(\log_{10} 2.0 + \log_{10}[ア])$$

$$= -(0.30 - [イ]) = [ウ]$$

B☐❽ 0.010 mol/L の NaOH aq の pH はいくつか。

水中で NaOH は完全に電離しているので，

$$[OH^-] = 1.0 \times [ア] \text{ (mol/L)}$$

水のイオン積より，

$$[H^+] = \frac{K_w}{[OH^-]} = \frac{1.0 \times 10^{-14}}{1.0 \times [ア]}$$

$$= 1.0 \times [イ] \text{ (mol/L)}$$

$$\therefore \quad pH = [ウ]$$

C☐❾ $-\log_{10}[OH^-]$ の式で表される数値を pOH（水酸化物イオン指数）といい，$K_w = 1.0 \times 10^{-14}$ $(\text{mol/L})^2$ のとき，$pH + pOH = [\quad]$ が成立する。

解　答

❶ ア：H^+
　イ：OH^-
　（アとイは順不同）
❷ 1.0×10^{-7}
❸ 水のイオン積

❹ $1.0 \times 10^{-14} (\mathrm{mol/L})^2$
❺ 大きい
❻ 水素イオン指数
　（pH）
❼ ア：10^{-2}
　イ：2.0
　ウ：1.7

❽ ア：10^{-2}
　イ：10^{-12}
　ウ：12

❾ 14

解　説

● 電離していない電解質の分子と電離によって生じたイオンの間に生じた平衡を電離平衡という。

● 物質が溶媒や固体のときは，濃度を平衡定数に含めない。

● $[H^+][OH^-] = K[H_2O] = K_w$ と表すことができる。K_w を水のイオン積といい，25℃の純水では，
$K_w = 1.0 \times 10^{-14} (\mathrm{mol/L})^2$
になる。

● **❺**：**❶** より，水の電離は吸熱反応であるので，$[H^+]$ と $[OH^-]$ は大きくなる。よって，K_w の値は高温ほど大きくなる。60℃での K_w の値は，約 $1.0 \times 10^{-13} (\mathrm{mol/L})^2$ になる。

● $[H^+]$ の値は非常に大きく変化するので，pH を用いる。
$pH = -\log_{10}[H^+]$

● $[H^+] = 10^{-pH} (\mathrm{mol/L})$ とも表せる。

● **❽** の pOH は2より，pH は，
$14 - 2 = 12$ と計算できる。

B☐❶ 酢酸水溶液の濃度を C 〔mol/L〕，電離度を α としたときの平衡時の濃度を示せ。

〔mol/L〕	CH_3COOH	$\rightleftharpoons$ CH_3COO^-	$+$ H^+
反応前	C	0	0
変化量	$-C\alpha$	$+C\alpha$	$+C\alpha$
平衡時	〔ア〕	〔イ〕	〔ウ〕

B☐❷ 酢酸の電離定数 K_a を C と α で示せ。

$$K_a = \frac{[CH_3COO^-][H^+]}{[CH_3COOH]} = \frac{C\alpha \cdot C\alpha}{C(1-\alpha)} = [\quad]$$

B☐❸ α が1より十分小さいとき，$1-\alpha \fallingdotseq 1$ とみなせる。K_a を C と α で示せ。

$$K_a \fallingdotseq [\quad]$$

B☐❹ α を C と K_a で示せ。

$$\alpha = [\quad]$$

B☐❺ 水素イオン濃度 $[H^+]$ を C と K_a で示せ。

$$[H^+] = C\alpha = C \times \sqrt{\frac{K_a}{C}} = [\quad]$$

B☐❻ pH を C と K_a で示せ。

$$pH = -\log_{10}\sqrt{CK_a} = [\quad]$$

C☐❼ 0.10 mol/L の酢酸水溶液の電離度 α と pH を求めよ。ただし，電離定数 $K_a = 1.0 \times 10^{-5}$ mol/L とする。

$$\alpha = \sqrt{\frac{K_a}{C}} = \sqrt{\frac{[ア]}{[イ]}} = [ウ]$$

$$[H^+] = \sqrt{CK_a} = \sqrt{[エ] \times [オ]} = [カ] \, 〔mol/L〕$$

よって，pH は〔キ〕

解　答

❶ ア：$C(1 - \alpha)$
イ：$C\alpha$
ウ：$C\alpha$

❷ $\dfrac{C\alpha^2}{1 - \alpha}$

❸ $C\alpha^2$

❹ $\sqrt{\dfrac{K_a}{C}}$

❺ $\sqrt{CK_a}$

❻ $-\dfrac{1}{2}\log_{10}CK_a$

❼ ア：1.0×10^{-5}
イ：0.10
ウ：1.0×10^{-2}
エ：0.10
オ：1.0×10^{-5}
（エとオは順不同）
カ：1.0×10^{-3}
キ：3.0

解　説

● $\alpha = \sqrt{\dfrac{K_a}{C}}$ より，弱酸の濃度 C が小さいほど電離度 α は大きくなる。

● 目安として，$\sqrt{\dfrac{K_a}{C}} < 0.05$ のときは $1 - \alpha \fallingdotseq 1$ と近似しても誤差が無視できるくらい小さくなる。

● アンモニアの電離平衡は，

$$NH_3 + H_2O \rightleftharpoons NH_4^+ + OH^-$$

で表される。電離定数 K_b は，

$$K_b = \frac{[NH_4^+][OH^-]}{[NH_3]}$$

$C\,[mol/L]$ のアンモニア水の $[H^+]$ を求める。電離度 α が 1 より十分小さいとき，

$$[OH^-] = \sqrt{CK_b}$$

よって，$[H^+]$ は，

$$[H^+] = \frac{K_w}{[OH^-]} = \frac{K_w}{\sqrt{CK_b}}$$

● **❼**：$[H^+] = C\alpha$
$= 0.10 \times 1.0 \times 10^{-2}$
$= 1.0 \times 10^{-3}\,[mol/L]$
でもよい。

● 添え字の由来は，a が acid（酸），b が base（塩基）である。

塩の加水分解

C☐❶ 酢酸ナトリウム水溶液を C_s 〔mol/L〕,加水分解後の 〔OH⁻〕を x 〔mol/L〕として平衡時の濃度を示せ。

〔mol/L〕	$CH_3COO^- + H_2O$	$\rightleftharpoons$	CH_3COOH	$+ OH^-$
反応前	C_s	—	0	0
変化量	〔ア〕	—	〔イ〕	〔ウ〕
平衡時	〔エ〕	—	〔オ〕	x

C☐❷ 酢酸ナトリウムの加水分解定数 K_h を酢酸の電離定数 K_a,水のイオン積 K_w で示せ。

$$K_h = \frac{[CH_3COOH][OH^-]}{[CH_3COO^-]} \times \frac{[H^+]}{[H^+]} = \frac{〔ア〕}{〔イ〕}$$

C☐❸ 加水分解定数 K_h を C_s と x で示せ。

$$K_h = [\quad]$$

C☐❹ x は C_s より十分小さいので $C_s - x ≒ C_s$ とみなせる。加水分解定数 K_h を C_s と x で示せ。

$$K_h ≒ [\quad]$$

C☐❺ 〔OH⁻〕を C_s と K_a と K_w で示せ。

$$[OH^-] = x = \sqrt{C_s K_h} = [\quad]$$

C☐❻ 〔H⁺〕を C_s と K_a と K_w で示せ。

$$[H^+] = \frac{K_w}{[OH^-]} = K_w \times \sqrt{\frac{K_a}{C_s K_w}} = [\quad]$$

C☐❼ pH を C_s と K_a と K_w で示せ。

$$pH = -\log_{10} \sqrt{\frac{K_a K_w}{C_s}} = [\quad]$$

C☐❽ 0.10 mol/L の酢酸ナトリウム水溶液の pH を求めよ。$K_a = 1.0 \times 10^{-5}$ mol/L,$K_w = 1.0 \times 10^{-14}$ (mol/L)² とする。

$$[OH^-] = \sqrt{C_s K_h} = \sqrt{\frac{C_s K_w}{K_a}} = [ア] \text{〔mol/L〕}$$

pOH は 〔イ〕より,pH は 〔ウ〕。

解 答

❶ ア：$-x$

イ：$+x$

ウ：$+x$

エ：$C_s - x$

オ：x

❷ ア：K_w

イ：K_a

❸ $\dfrac{x^2}{C_s - x}$

❹ $\dfrac{x^2}{C_s}$

❺ $\sqrt{\dfrac{C_s K_w}{K_a}}$

❻ $\sqrt{\dfrac{K_a K_w}{C_s}}$

❼ $-\dfrac{1}{2} \log_{10} \dfrac{K_a K_w}{C_s}$

❽ ア：1.0×10^{-5}

イ：5.0

ウ：9.0

解 説

● 弱酸と強塩基, 弱塩基と強酸からできた塩の水溶液は, それぞれ塩基性, 酸性を示す。これを塩の加水分解という。

● **❶**：H_2O の濃度は常に一定とみなせるので, 量的関係に関与しない。

● **❷**：$K_a \times K_h = K_w$ が成立する。

● 塩化アンモニウムが加水分解すると, 弱酸性を示す。

$$NH_4^+ + H_2O \rightleftharpoons NH_3 + H_3O^+$$

C_s〔mol/L〕の塩化アンモニウム水溶液の [H⁺] を求める。

アンモニアの電離定数を K_b とすると, 加水分解定数 K_h は,

$$K_h = \frac{[NH_3][H^+]}{[NH_4^+]} \times \frac{[OH^-]}{[OH^-]}$$

$$= \frac{K_w}{K_b}$$

加水分解する割合は十分小さいので, [H⁺] は,

$$[H^+] = \sqrt{C_s K_h} = \sqrt{\frac{C_s K_w}{K_b}}$$

● **❽**：$pH + pOH = 14$ より,

$pH = 14 - 5.0 = 9.0$

● 添え字の h は hydrolysis, w は water, s は salt に由来する。

A□❶　少量の酸や塩基を加えても pH が大きく変化しない溶液を何というか。

A□❷　酢酸のような [ア] 酸とその塩，アンモニアのような [イ] 塩基とその塩の混合溶液は ❶ の性質を示す。

A□❸　❶ に少量の酸や塩基が加えられても pH をほぼ一定に保つ作用を何というか。

● 酢酸と酢酸ナトリウムの混合溶液について答えよ。

B□❹　酢酸は弱酸であるからわずかに電離し，次の [　] が成立する。

$$CH_3COOH \rightleftarrows CH_3COO^- + H^+$$

B□❺　酢酸ナトリウムは [ア] 酸と [イ] 塩基の中和で得られる塩で，電離度は [ウ] く，次のように電離する。

$$CH_3COONa \longrightarrow CH_3COO^- + Na^+$$

B□❻　酢酸の水溶液に酢酸ナトリウムを加えると，生じた CH_3COO^- によって ❹ の平衡は [ア] に移動し，H^+ の濃度は [イ] する。

B□❼　この混合溶液中で濃度の大きい物質を 3 つ答えよ。

B□❽　この混合溶液に少量の酸を加えても，H^+ は [　] と反応するので，H^+ の濃度はほとんど変わらない。

$$H^+ + [\ ] \longrightarrow CH_3COOH$$

B□❾　この混合溶液に少量の塩基を加えても，OH^- は [　] と反応するので，OH^- の濃度はほとんど変わらない。

$$OH^- + [\ ] \longrightarrow CH_3COO^- + H_2O$$

解　答

① 緩衝液

② ア：弱
　 イ：弱

③ 緩衝作用

④ 電離平衡

⑤ ア：弱
　 イ：強
　 ウ：大き
⑥ ア：左
　 イ：減少

⑦ CH_3COOH
　 CH_3COO^-
　 Na^+
⑧ CH_3COO^-

⑨ CH_3COOH

解　説

● 緩衝液の例
　　$CH_3COOH - CH_3COONa$
　　➡ pH：$3.2 \sim 6.2$
　　$NH_3 - NH_4Cl$
　　➡ pH：$8.0 \sim 11.0$
　　$NaH_2PO_4 - Na_2HPO_4$
　　➡ pH：$5.8 \sim 8.0$
　　$NaHCO_3 - Na_2CO_3$
　　➡ pH：$9.2 \sim 10.6$

● 緩衝液の働き

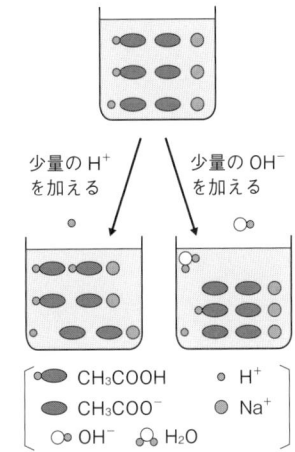

少量の H^+　　　　少量の OH^-
を加える　　　　　を加える

$\begin{array}{ll} \bullet\!\!-\!\!\bullet\ CH_3COOH & \bullet\ H^+ \\ \bullet\ CH_3COO^- & \bullet\ Na^+ \\ \circ\!\!-\!\!\circ\ OH^- & \text{\Large ∞}\ H_2O \end{array}$

少量の H^+ を加えても CH_3COO^- と反応し，少量の OH^- を加えても CH_3COOH と反応するので，溶液中の H^+ の濃度はほとんど変化せず，pH は大きくは変化しない。

- 酢酸が C〔mol/L〕, 酢酸ナトリウムが C_s〔mol/L〕である混合溶液について答えよ。

B☐❶ 緩衝液中において酢酸の電離平衡は成立している。

$$CH_3COOH \rightleftharpoons CH_3COO^- + H^+$$

電離定数 K_a を示せ。

$$K_a = \frac{[ア][H^+]}{[イ]}$$

B☐❷ ❶の式を変形し, $[H^+]$ を示せ。

$$[H^+] = K_a \times \frac{[ア]}{[イ]}$$

B☐❸ 酢酸ナトリウムは完全に電離しているので,

$$[CH_3COO^-] \fallingdotseq [CH_3COONa] = [\quad]$$

とみなせる。

B☐❹ 酢酸はほとんど電離していないので,

$$[CH_3COOH] \fallingdotseq [\quad]$$

とみなせる。

B☐❺ 混合溶液の $[H^+]$ を, C と C_s を用いて示せ。

$$[H^+] = K_a \times [\quad]$$

B☐❻ 混合溶液中の酢酸と酢酸イオンのモル濃度が等しいとき, $[H^+]$ は [ ] と等しくなる。

C☐❼ 0.10 mol の酢酸と, 0.050 mol の酢酸ナトリウムが溶けている水溶液 1.0 L の pH を求めよ。ただし, 酢酸の電離定数 $K_a = 1.0 \times 10^{-5}$ mol/L, $\log_{10}2.0 = 0.30$ とする。

この水溶液は緩衝液より,

$$[H^+] = K_a \frac{C}{C_s} = [ア] \times \frac{[イ]}{[ウ]} = [エ]〔mol/L〕$$

$$pH = -\log_{10}[H^+] = -\log_{10}[エ] = [オ]$$

解　答

①ア：CH_3COO^-
　イ：CH_3COOH

②ア：CH_3COOH
　イ：CH_3COO^-

③ C_s

④ C

⑤ $\dfrac{C}{C_s}$

⑥ K_a

⑦ア：1.0×10^{-5}
　イ：0.10
　ウ：0.050
　エ：2.0×10^{-5}
　オ：4.7

解　説

●**⑦** の水溶液に HCl を 0.025 mol
加えた。このときの水溶液の pH
を求める。$\log_{10} 5 = 0.70$ とする。
〈反応前の溶液中の物質量〉
CH_3COOH：0.10 mol とみなせる。
CH_3COO^-：0.050 mol とみなせる。
H^+：0.025 mol
〈緩衝作用の量的関係〉

〔mol〕	H^+	+ CH_3COO^-	$\longrightarrow$ CH_3COOH
反応前	0.025	0.050	0.10
変化量	-0.025	-0.025	$+0.025$
平衡時	0	0.025	0.125

混合後も緩衝液であるので，

$[H^+] = K_a \dfrac{[CH_3COOH]}{[CH_3COO^-]}$ より，

$[H^+]$ を求める。

$[H^+] = 1.0 \times 10^{-5} \times \dfrac{0.125}{0.025}$

$= 5.0 \times 10^{-5}$〔mol/L〕

pH を求める。
$pH = -\log_{10}(5.0 \times 10^{-5})$
$= -(0.70 - 5)$
$= 4.30$

よって，HCl を加えても pH は大
きく変化しない。

A▢❶ AgCl は水に溶けにくいが，わずかに溶けて次のような [　] が成立している。

$$AgCl(固) \rightleftarrows Ag^+ + Cl^-$$

A▢❷ ❶の式の平衡定数を求める式を示せ。

$$K_{sp} = [ア][イ]$$

A▢❸ ❷の K_{sp} を何というか。

A▢❹ K_{sp} は物質 [ア] の値で，温度が変わらなければ常に [イ] の値をとる。

B▢❺ AgCl 飽和水溶液に HCl を加えると，❶の平衡は [　] へ移動する。

B▢❻ ❺のような現象を何というか。

B▢❼ $K_{sp} > [Ag^+][Cl^-]$ のとき，沈殿は生じるか。

B▢❽ $K_{sp} = [Ag^+][Cl^-]$ のとき，沈殿は生じるか。

B▢❾ $K_{sp} < [Ag^+][Cl^-]$ のとき，沈殿は生じるか。

C▢❿ 塩化銀の溶解度積 K_{sp} が $1.0 \times 10^{-10}\,(mol/L)^2$ のとき，飽和溶液中の $[Ag^+]$ はいくらか。

　　水溶液中の $[Ag^+]$ と $[Cl^-]$ は等しい。

　　$[Ag^+] = [Cl^-] = x\,[mol/L]$ とすると，

　　$K_{sp} = [Ag^+][Cl^-]$ より， $1.0 \times 10^{-10} = x^2$

　　$x > 0$ より， $x = [\quad]\,[mol/L]$

C▢⓫ Fe^{2+} と Cu^{2+} がいずれも $0.10\,mol/L$ 溶けている水溶液に H_2S を通じたとき，先に生じる沈殿の化学式を答えよ。溶解度積は次のとおりとする。

　　$FeS : K_{sp} = [Fe^{2+}][S^{2-}] = 1.6 \times 10^{-19}\,(mol/L)^2$

　　$CuS : K_{sp} = [Cu^{2+}][S^{2-}] = 1.3 \times 10^{-36}\,(mol/L)^2$

解　答

❶溶解平衡

❷ア：$[Ag^+]$
　イ：$[Cl^-]$
　（アとイは順不同）
❸溶解度積
❹ア：固有
　イ：一定
❺左
❻共通イオン効果
❼生じない
　（不飽和溶液）
❽生じない（飽和溶液）
❾生じる（飽和溶液）
❿ 1.0×10^{-5}

⓫ CuS

解　説

●結晶の存在する飽和溶液では，溶解する速さと析出する速さが等しい状態にある。この状態を溶解平衡という。

●難溶性の物質が溶解平衡の状態にあるとき，一定温度のもとでは，飽和水溶液中の各イオンの濃度の積は一定であり，この一定値 K_{sp} を溶解度積という。

● K_{sp} の sp は，solubility product に由来する。

●ある電解質の溶液中に，存在するイオンと同種のイオンを生じる別の電解質を加えると，共通のイオンが減少する方向に平衡が移動して，もとの電解質の溶解度が小さくなる。この現象を共通イオン効果という。

● ⓫：$[Fe^{2+}]=[Cu^{2+}]=0.10$ mol/L より，沈殿が生じるときの $[S^{2-}]$ は，

FeS：$[S^{2-}] = \dfrac{1.6 \times 10^{-19}}{0.10}$

$= 1.6 \times 10^{-18}$ mol/L

CuS：$[S^{2-}] = \dfrac{1.3 \times 10^{-36}}{0.10}$

$= 1.3 \times 10^{-35}$ mol/L

つまり，CuS の方が先に沈殿する。

水素と貴ガス

C☐**❶** 水素は [　] で存在する割合が最大の元素である。

A☐**❷** 水素の単体の化学式を答えよ。

A☐**❸** 水素は室温では無色無臭の気体で, 最も [　] い。

A☐**❹** 水素は燃えやすく, 酸素と反応し [　] を生じる。

A☐**❺** 水素の実験室的製法は, イオン化傾向（かけいこう）の [**ア**] い亜鉛や鉄などの金属に [**イ**] を加える。

A☐**❻** 水素は水に溶けにくいので, [　] 置換法（ちかん）で捕集（ほしゅう）する。

C☐**❼** 水素は工業的には [　] と水蒸気を反応させてつくる。

B☐**❽** 水素は高温では酸化銅(II) などから酸素を奪う [　] 剤として働く。

C☐**❾** 水素と一酸化炭素の混合ガスを何というか。

A☐**❿** 貴ガスは何族の元素群（げんそ）のことを指すか。

A☐**⓫** 貴ガスに属する元素を 4 つ, 元素記号で答えよ。

A☐**⓬** 貴ガス原子の最外殻電子数はいくつか。

A☐**⓭** 貴ガス原子の価電子数（かでんしすう）はいくつか。

A☐**⓮** 貴ガスの単体は他の元素と結合しにくく [**ア**] である。常温では, 原子 1 つだけからなる [**イ**] 分子の気体として存在する。

A☐**⓯** 貴ガスの融点（ゆうてん）や沸点（ふってん）は原子量の増加とともに [　] くなる。

B☐**⓰** ヘリウムは軽くて燃焼しないので, [　] に利用されている。

B☐**⓱** ネオンは低い圧力のときに放電すると, 赤色に発光するので, [　] に利用されている。

B☐**⓲** アルゴンは燃焼しないので, [　] に利用されている。

110

解　答

❶宇宙

❷ H₂

❸軽

❹水

❺ア：大き
　イ：酸

❻水上

❼石油 (天然ガス)

❽還元

❾水性ガス (合成ガス)

❿ 18 族

⓫ He, Ne, Ar, Kr
　(Xe, Rn)

⓬ He は 2 個
　それ以外は 8 個

⓭ 0 個

⓮ア：不活性
　イ：単原子

⓯高

⓰飛行船，風船

⓱ネオンサイン

⓲電球

解　説

●水素は宇宙で存在する割合が 75 ％と最も大きい元素である。次いでヘリウムが 23 ％を占める。

●水素の単体は二原子分子 H₂ で，最も軽い気体であり，飛行船に使われていたこともある。
単体は水に溶けにくいので，水上置換法で捕集する。

● ❼：$CH_4 + H_2O \xrightarrow{Ni} CO + 3H_2$

● ❽：$CuO + H_2 \longrightarrow Cu + H_2O$

●水性ガス（合成ガス）➡ 61

●水素は工業的にはアンモニアやメタノールの合成の原料などに用いられるほか，燃料電池にも利用される。

● 18 族元素を貴ガスといい，常温では無色無臭の気体で空気中にわずかに存在している。

●貴ガス元素の原子の価電子数は 0 個であり，このため化学結合をつくりにくく不活性である。常温では単原子分子で存在する。

● **貴ガスの覚え方**

　HeNeAr　Kr　　Xe　Rn
　変ねある日くるっとキセラドン

A☐❶　ハロゲンは何族の元素群のことを指すか。

A☐❷　ハロゲンに属する元素を4つ，元素記号で答えよ。

A☐❸　ハロゲン原子の価電子数は何個か。

A☐❹　ハロゲンは何価の何イオンになりやすいか。

A☐❺　ハロゲンの単体の融点や沸点は原子番号が大きい
ほど［　］い。

A☐❻　ハロゲンの単体の酸化力を強い順に化学式で並べ
よ。

B☐❼　臭化ナトリウムに塩素を反応させると［ア］を生
じる。

$$2NaBr + Cl_2 \longrightarrow 2NaCl + [イ]$$

B☐❽　水でしめらせたヨウ化カリウムデンプン紙に塩素
を反応させると［ア］色に変化する。

$$2KI + Cl_2 \longrightarrow 2KCl + [イ]$$

B☐❾　フッ素は，室温では［ア］色の［イ］体で存在して
いる。

C☐❿　フッ素を水に溶かすと激しく反応して［ア］を発
生する。

$$2F_2 + 2H_2O \longrightarrow 4HF + [イ]$$

A☐⓫　塩素は，室温では刺激臭のある［ア］色の空気よ
り［イ］い［ウ］体で存在している。

A☐⓬　臭素は，室温では［ア］色をした［イ］体で存在し
ている。

A☐⓭　ヨウ素は，室温では［ア］色をした［イ］体で存在
している。

C☐⓮　ヨウ素は水に溶けにくいが，ヨウ化物イオン I^-
を含む水溶液には溶け，一般に［　］と呼ばれる。

A☐⓯　デンプン水溶液に⓮を加えると［ア］色を示す。
これを［イ］反応という。

解　答

❶ 17 族

❷ F, Cl, Br, I, (At)

❸ 7 個

❹ 1 価の陰イオン

❺ 高

❻ $F_2 > Cl_2 > Br_2 > I_2$

❼ ア：臭素
　　イ：Br_2

❽ ア：青紫（青）
　　イ：I_2

❾ ア：淡黄　イ：気

❿ ア：酸素
　　イ：O_2

⓫ ア：黄緑
　　イ：重
　　ウ：気

⓬ ア：赤褐
　　イ：液

⓭ ア：黒紫
　　イ：固

⓮ ヨウ素溶液
　　（ヨウ素液）

⓯ ア：青紫
　　イ：ヨウ素デンプン

解　説

● 17 族元素をハロゲンといい，原子は価電子を 7 個もち，1 価の陰イオンになりやすい。

● 単体は二原子分子からなり，有色，有毒で，融点・沸点は分子量が大きいほど高くなる。

● ハロゲン単体の酸化力は，原子番号が小さいほど強い。これは，原子核により近い最外殻電子ほど，原子核の正電荷が強く働くから。

● フッ素 F_2 は酸化力が最も大きく，水素や水と激しく反応する。
$$H_2 + F_2 \longrightarrow 2HF$$

● 臭素 Br_2 は，水に少し溶け，赤褐色の水溶液を生じる。

● ヨウ素 I_2 は，水にほとんど溶けないが，ヨウ素溶液中では三ヨウ化物イオンが生じて溶け，溶液は褐色を示す。
$$I_2 + I^- \rightleftharpoons I_3^-$$

● ハロゲン元素の覚え方
　　F　Cl　Br　I　At
　ふっくらブラウス私にあてて

● ヨウ素デンプン反応は，ヨウ素またはデンプンの検出に用いる。
　➡ 📖113

● 酸化マンガン(Ⅳ) に濃塩酸を加えて加熱し，塩素を発生させるときの装置を示す。

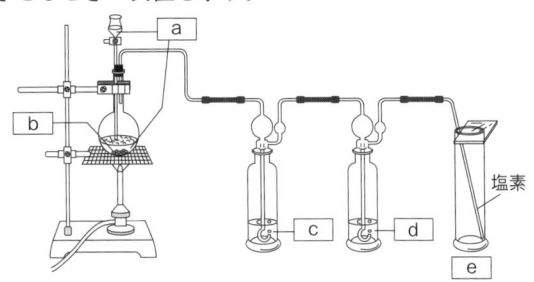

塩素

A□❶ この装置での反応を，化学反応式で示せ。

[ア] + 4 [イ] ⟶ [ウ] + 2H₂O + Cl₂

B□❷ 図中の [a] の液体は何か。

B□❸ 図中の [b] の固体は何か。

B□❹ 図中の [c] に入れる液体は何か。

B□❺ [c] は何を除去するために用いるか。

B□❻ 図中の [d] に入れる液体は何か。

B□❼ [d] は何を除去するために用いるか。

B□❽ [e] の捕集方法は何と呼ばれるか。

A□❾ 塩素は，漂白剤である [ア] に塩酸を加えると発生するので，混ぜて使用してはいけない。

[イ] + 4HCl ⟶ CaCl₂ + 4H₂O + 2Cl₂

A□❿ 塩素が水に溶けると塩化水素と [ア] を生じる。

Cl₂ + H₂O ⇌ HCl + [イ]

A□⓫ 次亜塩素酸イオン ClO⁻ は [ア] 作用が強く，[イ] 剤や [ウ] 剤として広く用いられている。

B□⓬ 塩素は，工業的には [ア] 水溶液の電気分解で生じる [イ] とともに得られる。

2 [ウ] + 2H₂O ⟶ 2 [エ] + H₂ + Cl₂

114

【解答】

【解説】

● 塩素は刺激臭をもつ黄緑色の有毒な気体で，空気より重く，水に少し溶ける。

● $\boxed{C}$ で水を用いることができるのは，塩素より塩化水素のほうが水に溶けやすいから。

❶ア：MnO_2
　イ：HCl
　ウ：$MnCl_2$
❷濃塩酸
❸酸化マンガン(IV)
❹水
❺塩化水素
❻濃硫酸
❼水蒸気
❽下方置換法
❾ア：高度さらし粉
　イ：$Ca(ClO)_2 \cdot 2H_2O$
❿ア：次亜塩素酸
　イ：$HClO$
⓫ア：酸化
　イ：殺菌
　ウ：漂白
　（イとウは順不同）
⓬ア：塩化ナトリウム
　イ：水酸化ナトリウム
　ウ：$NaCl$
　エ：$NaOH$

● 塩素は殺菌や漂白，塩化ビニルの原料として用いられる。

● 塩素のオキソ酸の酸性は塩素の酸化数が大きいものほど強い。

化学式	オキソ酸	酸化数	酸
$HClO_4$	過塩素酸	$+7$	強い
$HClO_3$	塩素酸	$+5$	↑
$HClO_2$	亜塩素酸	$+3$	
$HClO$	次亜塩素酸	$+1$	弱い

● **❾**：さらし粉を用いたときの反応
$$CaCl(ClO) \cdot H_2O + 2HCl$$
$$\longrightarrow CaCl_2 + 2H_2O + Cl_2$$

● 水道水は，次亜塩素酸ナトリウム $NaClO$ を加えて生じた ClO^- によって，殺菌，消毒されている。

● ClO^- の酸化作用
$$ClO^- + 2H^+ + 2e^-$$
$$\longrightarrow Cl^- + H_2O$$

● 塩化ナトリウム水溶液（食塩水）の電気分解➡ 36

ハロゲンの化合物

A□ **❶** ハロゲン化水素は，すべて [ア] 色・[イ] 臭をもつ気体であり，水に [ウ]。

A□ **❷** ハロゲン化水素のうち，弱酸（じゃくさん）の化合物を答えよ。

A□ **❸** フッ化水素の製法は，[ア]（ホタル石（いし））に濃硫酸を加え加熱する。

$$[イ] + H_2SO_4 \longrightarrow CaSO_4 + 2HF$$

A□ **❹** 塩化水素（えんかすいそ）の製法は，[ア] に濃硫酸を加え加熱する。

$$[イ] + H_2SO_4 \longrightarrow NaHSO_4 + HCl$$

B□ **❺** フッ化水素，塩化水素は [ア] 性なので，発生させるときに [イ] 性である濃硫酸を用いる。

B□ **❻** フッ化水素は水素結合の影響で，他のハロゲン化水素より沸点は [ ] い。

B□ **❼** フッ化水素はガラス・岩石の主成分である [ア] を溶かす。

$$[イ] + 6HF \longrightarrow H_2SiF_6 + 2H_2O$$

B□ **❽** ❼ の反応が起こるので，HF aq の保存容器として使えるのは何か。

A□ **❾** 塩化水素の水溶液を何というか。

A□ **❿** フッ化水素の水溶液を何というか。

B□ **⓫** ハロゲン化銀の結晶の色を答えよ。

AgF：[ア] AgCl：[イ]

AgBr：[ウ] AgI：[エ]

B□ **⓬** ハロゲン化銀である AgCl，AgBr，AgI は水に溶け [ア] が，AgF は水に溶け [イ]。

B□ **⓭** ハロゲン化銀には [ア] 性があり，光に当たると分解して銀（微粒子のため [イ] 色）が析出（せきしゅつ）する。

B□ **⓮** 塩素を水酸化カルシウムに吸収させると [ア] が得られる。

$$Cl_2 + Ca(OH)_2 \longrightarrow [イ]$$

解　答

❶ア：無
　イ：刺激
　ウ：よく溶ける
❷ フッ化水素
❸ア：フッ化カルシウム
　イ：CaF_2
❹ア：塩化ナトリウム
　イ：$NaCl$
❺ア：揮発(きはつ)
　イ：不揮発
❻ 高
❼ア：二酸化ケイ素
　イ：SiO_2
❽ ポリエチレン容器
　（ガラス以外）
❾ 塩酸
❿ フッ化水素酸
⓫ア：黄　**イ**：白
　ウ：淡黄　**エ**：黄
⓬ア：にくい
　イ：やすい
⓭ア：感光(かんこう)
　イ：黒
⓮ア：さらし粉
　イ：$CaCl(ClO)\cdot H_2O$

解　説

● ハロゲン化水素のうち，HF だけが弱酸なのは，水素結合の影響で H^+ が電離しにくいからである。

● 水素結合とは，F，O，N原子とH原子が結合してできた分子が，H原子を仲立ちとして他の分子と強く引き合う結合。

　　　$\cdots H-F\cdots H-F\cdots$
　　　　　　　　（…は水素結合）

● ❸ では HF が弱酸なので $CaSO_4$ が生じるが，❹ では HCl が強酸なので $NaHSO_4$ が生じると考えられる。

● HF aq と SiO_2 の反応で生じる H_2SiF_6 をヘキサフルオロケイ酸という。➡ 📝62

● 塩化水素の水溶液を塩酸といい，市販の濃塩酸の濃度は約37%（12 mol/L）である。

● ハロゲン化銀には感光性(いんがし)があるので，写真フィルムや印画紙に使われている。

　　$2AgX \xrightarrow{光} 2Ag + X_2$

● さらし粉から $CaCl_2$ 成分を減らした高品位のものを高度さらし粉 $Ca(ClO)_2\cdot 2H_2O$ という。

A☐ ❶ 地殻中に含まれる元素を，多い順に3つ答えよ。

A☐ ❷ 酸素は［ア］に触媒として酸化マンガン(Ⅳ) MnO_2 を加えるか，［イ］に触媒として MnO_2 を加えて加熱すると発生する。

$$2[ウ] \xrightarrow{MnO_2} 2[エ] + O_2$$

$$2[オ] \xrightarrow[加熱]{MnO_2} 2[カ] + 3O_2$$

B☐ ❸ 酸素は工業的には液体の［　］を分留して得る。

A☐ ❹ オゾン O_3 と酸素 O_2 は酸素の［　］である。

A☐ ❺ オゾンは酸素中で［　］を行うか，酸素に紫外線を当てると生じる。 $3O_2 \longrightarrow 2O_3$

B☐ ❻ オゾン層は太陽からの有毒な［　］を吸収して，地上の生物を保護している。

B☐ ❼ オゾンは［ア］色で［イ］臭がある。

A☐ ❽ オゾンは［ア］作用が強く，ヨウ化カリウムと反応すると［イ］を生じる。したがって，水でしめらせたヨウ化カリウムデンプン紙にオゾンを反応させると［ウ］色に変色する。

$$O_3 + H_2O + 2KI \longrightarrow O_2 + [エ] + 2KOH$$

B☐ ❾ オゾンには毒性があり，飲料水の［ア］や繊維の［イ］，空気の浄化などに用いられる。

B☐ ❿ Na_2O や CaO などの金属元素の酸化物は［ア］酸化物と呼ばれ，水に溶けると［イ］性を示す。

B☐ ⓫ CO_2，SO_2 や NO_2 などの非金属元素の酸化物は［ア］酸化物と呼ばれ，水に溶けると［イ］性を示す。

B☐ ⓬ 分子中に酸素原子を含む酸を［　］といい，⓫の酸化物と水との反応で生じる。

B☐ ⓭ Al，Zn，Sn，Pb などの両性金属の酸化物は［　］酸化物と呼ばれ，酸・塩基の両方と反応する。

解　答

❶ O > Si > Al

❷ ア：過酸化水素

　イ：塩素酸カリウム

　ウ：H_2O_2

　エ：H_2O

　オ：$KClO_3$

　カ：KCl

❸ 空気

❹ 同素体

❺ 無声放電

❻ 紫外線

❼ ア：淡青

　イ：特異

❽ ア：酸化

　イ：ヨウ素

　ウ：青紫（青）

　エ：I_2

❾ ア：殺菌

　イ：漂白

❿ ア：塩基性

　イ：塩基

⓫ ア：酸性

　イ：酸

⓬ オキソ酸

⓭ 両性

解　説

● 酸素は地殻中に最も多く含まれる元素であり，大部分がケイ素と結合して SiO_2 で存在する。

● 地殻中に存在する割合が多い元素
　O > Si > Al > Fe > Ca > Na
　おっしゃる　て　か　な

● 酸素の単体は空気中に体積比で約 21% 存在している。以下の沸点の差を利用して分留する。
　O_2 の沸点：$-183℃$
　N_2 の沸点：$-196℃$

● ❿ の反応
　$Na_2O + H_2O \longrightarrow 2NaOH$
　$CaO + H_2O \longrightarrow Ca(OH)_2$

● ⓫ の反応
　$CO_2 + H_2O \rightleftarrows H_2CO_3$
　$SO_2 + H_2O \rightleftarrows H_2SO_3$

● オキソ酸の例
　硫酸 H_2SO_4，亜硫酸 H_2SO_3，
　硝酸 HNO_3，亜硝酸 HNO_2，
　リン酸 H_3PO_4，
　次亜塩素酸 $HClO$ など

● 16 族元素の覚え方
　O　S　Se　Te　Po
　オッス船長　鉄　砲だ

● 両性金属の覚え方
　Al　Zn　Sn　Pb　ああすんなり

55 硫黄・硫化水素

B☐❶　硫黄の単体は [ア] 色で，火山地帯に多く産出し，[イ]，医薬品，農薬，ゴムなどの製造に広く利用されている。

A☐❷　硫黄の単体には，硫黄原子 8 個からなる [ア] 硫黄・[イ] 硫黄，鎖状構造の高分子である [ウ] 硫黄といった [エ] が存在する。

B☐❸　最も安定な同素体は [ア] 硫黄であり，[イ] 硫黄も [ウ] 硫黄も，常温で放置すると [ア] 硫黄になる。

B☐❹　硫黄は，空気中で点火すると，青い炎をあげて燃え，有毒な [ア] を生じる。　$S + O_2 \longrightarrow$ [イ]

A☐❺　硫化水素 H_2S は [ア] 色で水に溶けやすく，[イ] 臭があり有毒である。

A☐❻　硫化水素は [ア] に希硫酸や希塩酸を加えて発生させる。

$$[イ] + H_2SO_4 \longrightarrow [ウ] + H_2S$$

A☐❼　硫化水素の水溶液，硫化水素水は何性を示すか。

A☐❽　硫化水素は [　] 剤として働く。

● 金属イオン Ca^{2+}，Na^+，Zn^{2+}，Fe^{3+}，Pb^{2+}，Cu^{2+}，Ag^+ が溶けている水溶液に H_2S を通じた。

B☐❾　溶液の pH に関係なく硫化物が沈殿するイオンはどれか。

B☐❿　溶液が中性～塩基性のとき硫化物が沈殿するイオンはどれか。

B☐⓫　硫化物が沈殿しないイオンはどれか。

B☐⓬　生じた硫化物のうち，色が黒以外のものが 1 つある。その硫化物の化学式と色を答えよ。

120

120

第1章
第2章
第3章
第4章
第5章

解答

❶ ア：黄

　 イ：硫酸

❷ ア：斜方(しゃほう)

　 イ：単斜(たんしゃ)

　 （アとイは順不同）

　 ウ：ゴム状

　 エ：同素体

❸ ア：斜方

　 イ：単斜

　 ウ：ゴム状

　 （イとウは順不同）

❹ ア：二酸化硫黄

　 イ：SO_2

❺ ア：無

　 イ：腐卵(ふらん)

❻ ア：硫化鉄（Ⅱ）

　 イ：FeS

　 ウ：$FeSO_4$

❼ 弱酸性

❽ 還元

❾ Pb^{2+}，Cu^{2+}，Ag^+

❿ Zn^{2+}，Fe^{3+}

⓫ Ca^{2+}，Na^+

⓬ ZnS，白色

解説

● 硫黄は，工業的には石油精製の過程で得られる。

● 室温では斜方硫黄が安定している。斜方硫黄を 120℃に熱して融解した硫黄を冷やすと単斜硫黄を得る。

● 斜方硫黄を約 250℃まで熱して液体とし，これを冷水に注いで急冷するとゴム状硫黄が得られる。

● 斜方硫黄と単斜硫黄は王冠状の環状(かんじょう)分子 S_8 からなる。

● H_2S による硫化物の沈殿は，水溶液の液性によって異なる。→ 📘 81

　● 酸性でも沈殿するもの
　　 CuS　PbS　HgS　Ag_2S　CdS
　　 どん　な　すぎ　か

　● 中・塩基性で沈殿するもの
　　 ZnS　FeS　NiS　CoS　MnS
　　 あえ　て　に　こ　まん

　● 沈殿しないイオン
　　 K^+　Ba^{2+}　Ca^{2+}　Na^+
　　 Mg^{2+}　Al^{3+}
　　 （イオン化傾向の大きいイオン）

● 黒色以外の硫化物
　 ZnS(白)，CdS(黄)，MnS(淡赤)

B□ ❶　二酸化硫黄は無色で刺激臭があり，水に溶かすと弱酸の [ア] になるので [ア] ガスとも呼ばれる。

$$SO_2 + H_2O \rightleftharpoons [イ]$$

A□ ❷　二酸化硫黄は，銅に [ア] を加えて加熱すると発生する。

$$Cu + 2[イ] \longrightarrow CuSO_4 + 2H_2O + SO_2$$

A□ ❸　二酸化硫黄は，[ア] に希硫酸を加えても発生する。

$$[イ] + H_2SO_4 \longrightarrow NaHSO_4 + H_2O + SO_2$$

B□ ❹　二酸化硫黄は，工業的には何を燃焼すると得られるか。

$$[\ \ ] + O_2 \longrightarrow SO_2$$

A□ ❺　二酸化硫黄には [ア] 作用があり，紙や繊維などの [イ] 剤に用いられる。

$$H_2O_2 + SO_2 \longrightarrow [ウ]$$

B□ ❻　ただし，[ア] 剤である H_2S とは [イ] 剤として働き，[ウ] を生じる。

$$2H_2S + SO_2 \longrightarrow 3[エ] + 2H_2O$$

A□ ❼　希硫酸は何性を示すか。

A□ ❽　希硫酸にイオン化傾向の大きい金属（Fe や Zn など）を入れると発生する気体は何か。

$$Zn + H_2SO_4 \longrightarrow ZnSO_4 + [\ \ ]$$

B□ ❾　濃硫酸を水で薄めて希硫酸にするには，[ア] に [イ] をガラス棒を使って少しずつ加える。

B□ ❿　❾の操作を逆にすると，多量に発生する [　] 熱によって水が沸騰し，硫酸が飛散するおそれがあるので，危険である。

解答

❶ ア：亜硫酸
　 イ：H_2SO_3

❷ ア：濃硫酸
　 イ：H_2SO_4

❸ ア：亜硫酸水素ナトリウム
　 イ：$NaHSO_3$

❹ 硫黄（S）

❺ ア：還元　イ：漂白
　 ウ：H_2SO_4

❻ ア：還元
　 イ：酸化
　 ウ：硫黄　エ：S

❼ 強酸性

❽ 水素（H_2）

❾ ア：冷水
　 イ：濃硫酸

❿ 溶解

解説

● 二酸化硫黄には，酸化防止，変色防止，防かびなどの効果がある。

● ❸ は，亜硫酸ナトリウムでもよい。
　 $Na_2SO_3 + 2H_2SO_4$
　　　 $\longrightarrow 2NaHSO_4 + H_2O + SO_2$

● SO_2 は常温で無色，刺激臭をもつ気体である。

● SO_3 は常温で無色針状の結晶で，50℃で昇華する。

● 二酸化硫黄は，工業的には硫黄の燃焼のほかに，黄鉄鉱 FeS_2 の燃焼によっても得られる。
　 $4FeS_2 + 11O_2$
　　　 $\longrightarrow 2Fe_2O_3 + 8SO_2$

● SO_2 による漂白は，色素を還元する還元漂白剤で，HClO のような酸化漂白剤より穏やかに作用する。

● 希硫酸は亜硫酸塩や炭酸塩，酢酸塩などの弱酸の塩と反応して弱酸を遊離させる。

● 硫酸は鉛蓄電池や金属精錬，紡績，製紙，食品工業，薬品製造など化学工業に広く用いられている。

● SO_4^{2-} の検出には，$BaSO_4$ の白色沈殿が生じる反応を用いる。

➡ 📖 81

第3章　無機物質の性質と利用　123

A☑❶ 濃硫酸の [ア] 性により, 塩化ナトリウムとともに加熱すると [イ] を発生する。

$$NaCl + H_2SO_4 \longrightarrow NaHSO_4 + [ウ]$$

A☑❷ 熱濃硫酸は [ア] 剤として働き, 銅などの金属と反応させると [イ] を発生する。

$$Cu + 2H_2SO_4 \longrightarrow CuSO_4 + 2H_2O + [ウ]$$

A☑❸ 濃硫酸には [ア] 作用があり, 砂糖 (ショ糖) に加えると [イ] として働き, 炭素だけが残り黒くなる。

$$C_{12}H_{22}O_{11} \longrightarrow 12C + 11H_2O$$

A☑❹ 濃硫酸には [　] 性があるので, 気体などの乾燥剤として用いられる。

B☑❺ 濃硫酸を乾燥剤として用いることができる気体は次のどれか。
    (ア) 硫化水素
    (イ) 塩素
    (ウ) アンモニア

A☑❻ 濃硫酸の工業的製法を何というか。

B☑❼ 濃硫酸の工業的製法で二酸化硫黄を空気中の酸素で酸化するとき, 用いる触媒は何か。

$$2SO_2 + O_2 \longrightarrow 2SO_3$$

B☑❽ ❼で得られた三酸化硫黄を濃硫酸に吸収させたものを何というか。

B☑❾ ❽中の [ア] と希硫酸中の [イ] を反応させて濃硫酸を得る。

$$[ウ] + [エ] \longrightarrow H_2SO_4$$

解 答

❶ア：不揮発（ふ きはつ）

イ：塩化水素

ウ：HCl

❷ア：酸化

イ：二酸化硫黄

ウ：SO_2

❸ア：脱水（だっすい）

イ：触媒

❹ 吸湿

❺（イ）

❻ 接触法

❼ 酸化バナジウム（Ⅴ）

（V_2O_5）

❽ 発煙硫酸（はつえん）

❾ア：三酸化硫黄

イ：水

ウ：SO_3

エ：H_2O

（ウとエは順不同）

解 説

● 濃硫酸は，無色でねばりけのある液体で，密度が $1.8 \ \mathrm{g/cm^3}$ と大きく，硫酸を約 98% 含む。

● 濃硫酸の性質として，4つあげられる。

   ❶ 不揮発性

   ❷ 酸化作用

   ❸ 脱水作用

   ❹ 吸湿性

● 濃硫酸を **❶**〜**❸** の性質を利用して用いる場合，加熱が必要となることが多い。

● **❺** で，（**ア**）とは酸化還元反応が，（**ウ**）とは中和反応が起こるので不適。➡ 🖊65

● 直接，SO_3 を水に溶かそうとしても，多量の溶解熱の発生によって水が沸騰して溶解しないので，発煙硫酸にしてから水と反応させる。

● **接触法の反応式**

$$S + O_2 \longrightarrow SO_2$$
$$2SO_2 + O_2 \longrightarrow 2SO_3$$
$$SO_3 + H_2O \longrightarrow H_2SO_4$$

1つにまとめると，

$$2S + 3O_2 + 2H_2O \longrightarrow 2H_2SO_4$$

第1章

第2章

第3章

第4章

第5章

第3章　無機物質の性質と利用　125

A□❶　窒素の単体は空気中に約 [ ] ％存在している不活性 (かっせい) な気体である。

B□❷　窒素の単体の沸点は -196℃で [ ] として使われている。

B□❸　窒素の単体は，実験室では [ア] の水溶液を加熱分解してつくる。

$$[イ] \longrightarrow N_2 + 2H_2O$$

B□❹　窒素は工業的には液体の [ ] を分留 (ぶんりゅう) してつくる。

A□❺　アンモニアは無色で [ア] 臭をもつ気体で，水に溶け [イ] く，弱い [ウ] 性を示す。

A□❻　アンモニアを実験室で発生させるには，[ア] と [イ] を混合して加熱すればよい。

$$2[ウ] + [エ] \longrightarrow CaCl_2 + 2H_2O + 2NH_3$$

A□❼　発生したアンモニアは水に溶け [ア] く，空気より [イ] いので，[ウ] 置換 (ちかん) 法で捕集 (ほしゅう) する。

A□❽　アンモニアの工業的製法は何法と呼ばれているか。

A□❾　❽の方法の反応式を完成せよ。

$$[ア] + 3[イ] \rightleftharpoons 2NH_3$$

B□❿　❽の方法の反応で使われる触媒 (しょくばい) は，何の元素 (げんそ) を主成分とする酸化物か。

B□⓫　❽の方法の反応は，どのような条件で行われるか。

A□⓬　アンモニアを検出するために，[ア] を近づけると塩化アンモニウムの [イ] が生じる。

$$NH_3 + [ウ] \longrightarrow NH_4Cl$$

解　答

❶ 78

❷冷却剤

❸ア：亜硝酸アンモニ
　　　ウム

　イ：NH₄NO₂

❹空気

❺ア：刺激

　イ：やす

　ウ：塩基

❻ア：塩化アンモニウ
　　　ム

　イ：水酸化カルシウ
　　　ム

　（アとイは順不同）

　ウ：NH₄Cl

　エ：Ca(OH)₂

❼ア：やす

　イ：軽

　ウ：上方

❽ハーバー・ボッシュ
　　法

❾ア：N₂

　イ：H₂

❿鉄（主成分：Fe₃O₄）

⓫高温高圧

⓬ア：濃塩酸

　イ：白煙

　ウ：HCl

解　説

● 窒素の単体 N₂ は，二原子分子からなる無色無臭の不活性な気体。

● アンモニアの乾燥剤として，酸性の乾燥剤（濃硫酸や P₄O₁₀）のほか，中性の CaCl₂ も不適である。これは CaCl₂·8NH₃ を生じるためである。

● ❻ は，水酸化カルシウムの代わりに水酸化ナトリウムでも起こる。

$$NH_4Cl + NaOH$$
$$\longrightarrow NaCl + H_2O + NH_3$$

● アンモニアは工業的には窒素と水素から直接合成される。この方法をハーバー・ボッシュ法という。

● ハーバー・ボッシュ法は 1909 年，ドイツのハーバーが発明し，その後 1913 年にドイツのボッシュが工業化した。

● アンモニアと塩化水素の反応で生じた NH₄Cl の白煙は，気体どうしの反応によって生じた微粒子である。

● 15 族の覚え方

N	P	As	Sb	Bi
日	本	あした	サービス	日

第3章　無機物質の性質と利用　127

A☐❶ 一酸化窒素は [ア] 色の気体で，水に溶け [イ] い。

A☐❷ 一酸化窒素は，実験室では銅に [ア] を加えて発生させる。

$$3Cu + 8[イ] \longrightarrow 3[ウ] + 4H_2O + 2NO$$

A☐❸ 二酸化窒素は [ア] 色の気体で，水に溶け [イ] い。

A☐❹ 二酸化窒素は，実験室では銅に [ア] を加えて発生させる。

$$Cu + 4[イ] \longrightarrow [ウ] + 2H_2O + 2NO_2$$

C☐❺ 濃硝酸は光に当たると分解して [ア] を生じる。これを防ぐため [イ] に入れて保存する。

$$4HNO_3 \longrightarrow 4[ウ] + 2H_2O + [エ]$$

A☐❻ 濃硝酸・希硝酸とも強い [　] 剤として反応するので，Cu や Ag を溶かす。

B☐❼ Al，Fe，Ni が濃硝酸に溶けないのはなぜか。

A☐❽ ❼のような状態を何というか。

A☐❾ 硝酸の工業的製法は，何法と呼ばれているか。

B☐❿ 硝酸の工業的製法は，まずアンモニアと空気を [ア] を触媒として約 800℃ で反応させて，一酸化窒素と水を得る。

$$[イ]NH_3 + [ウ]O_2 \longrightarrow [エ]NO + [オ]H_2O$$

B☐⓫ ❿で得られた一酸化窒素は空気中ですぐに酸化され，[ア] になる。

$$2NO + O_2 \longrightarrow 2[イ]$$

B☐⓬ ⓫で得られた気体を温水と反応させると硝酸と [ア] が得られる。

$$3NO_2 + H_2O \longrightarrow 2[イ] + [ウ]$$

B☐⓭ ❿，⓫，⓬の反応を 1 つにまとめる。

$$[ア] + 2O_2 \longrightarrow [イ] + H_2O$$

❶ア：無　イ：にく

❷ア：希硝酸

　イ：HNO_3

　ウ：$Cu(NO_3)_2$

❸ア：赤褐　イ：やす

❹ア：濃硝酸

　イ：HNO_3

　ウ：$Cu(NO_3)_2$

❺ア：二酸化窒素

　イ：褐色ビン

　ウ：NO_2

　エ：O_2

❻酸化

❼金属の表面に緻密な
　酸化被膜(ひまく)を生じるた
　め。

❽不動態(ふどうたい)

❾オストワルト法

❿ア：白金(はっきん)　イ：4

　ウ：5　　　エ：4

　オ：6

⓫ア：二酸化窒素

　イ：NO_2

⓬ア：一酸化窒素

　イ：HNO_3

　ウ：NO

⓭ア：NH_3

　イ：HNO_3

● 窒素は酸素と化合していろいろな
酸化物をつくる。NO，NO_2 のほ
かに，

　　N_2O　一酸化二窒素

　　N_2O_3　三酸化二窒素

　　N_2O_4　四酸化二窒素

　　N_2O_5　五酸化二窒素

がある。

● NO_2 は常温では一部が無色の
N_2O_4 に変化している。

　　$2NO_2 \rightleftharpoons N_2O_4$

● 市販の濃硝酸は，濃度 60〜62%
の無色の水溶液（密度 1.4 g/cm³）
だが，光で分解され NO_2 を生じ
たものは淡黄色を示す。

● 硝酸の工業的製法は 1902 年，
ドイツのオストワルトによって考
案された。

● ⓭：オストワルト法の反応を1つ
にまとめる。

　　$4NH_3 + 5O_2$

　　　　$\longrightarrow 4NO + 6H_2O$…①

　　$2NO + O_2 \longrightarrow 2NO_2$　…②

　　$3NO_2 + H_2O$

　　　　$\longrightarrow 2HNO_3 + NO$…③

　　$(① + ② \times 3 + ③ \times 2) \times \dfrac{1}{4}$

　　$NH_3 + 2O_2$

　　　　　　$\longrightarrow HNO_3 + H_2O$

A☐❶ 黄リン（白リン）と赤リンはリンの [　] である。

B☐❷ 黄リンは [ア] 色の固体で，毒性が [イ]。

B☐❸ 黄リンは自然発火しやすい（発火点 34℃）ので，
[　] 中で保存する。

C☐❹ 黄リンは [ア] つのリン原子からできている [イ]
形の分子である。

B☐❺ 赤リンは [ア] 色の固体で，毒性は [イ]。

C☐❻ 赤リンは多数の原子からなり，自然発火はしない
が，260℃で発火するので，[　] に使われている。

B☐❼ リンを空気中で燃焼すると [ア] を生じる。

$$4P + 5O_2 \longrightarrow [イ]$$

B☐❽ ❼は吸湿性が強いので [　] に使われている。

B☐❾ ❼に水を加えて熱すると [ア] を生じる。

$$P_4O_{10} + 6H_2O \longrightarrow 4[イ]$$

B☐❿ ❾は水に溶けて中程度の [　] 性を示す。

A☐⓫ 植物の生育に必要な3つの元素を答えよ。

B☐⓬ ⓫は何と呼ばれているか。

C☐⓭ 骨や歯，リン鉱石の主成分の化合物を答えよ。

C☐⓮ 肥料に用いられているリン酸二水素カルシウム
$Ca(H_2PO_4)_2$ と硫酸カルシウム $CaSO_4$ の混合物は
何と呼ばれているか。

$$Ca_3(PO_4)_2 + 2H_2SO_4$$
$$\longrightarrow Ca(H_2PO_4)_2 + 2CaSO_4$$

C☐⓯ ⓮から $Ca(H_2PO_4)_2$ のみ分離したものは，肥料
として効果が大きい。この肥料を何というか。

$$Ca_3(PO_4)_2 + 4H_3PO_4 \longrightarrow 3Ca(H_2PO_4)_2$$

解 答

❶同素体

❷ア：淡黄

　イ：ある（猛毒）

❸水

❹ア：4（P_4）⬦

　イ：正四面体

❺ア：赤褐

　イ：弱い

❻マッチの側薬

❼ア：十酸化四リン

　イ：P_4O_{10}

❽乾燥剤

❾ア：リン酸

　イ：H_3PO_4

❿酸

⓫窒素，リン，カリウム

⓬肥料の三要素

⓭リン酸カルシウム

　（$Ca_3(PO_4)_2$）

⓮過リン酸石灰

⓯重過リン酸石灰

解 説

● リンは動物の骨や歯に多く含まれ，生体の物質代謝に重要な働きをもつ元素である。

● リンの単体は，工業的にはリン鉱石 $Ca_3(PO_4)_2$ を電気炉中でケイ砂 SiO_2 やコークス C と反応させる。

● 黄リンを，空気を断って約 $250℃$ に熱すると，赤リンとなる。

● 黄リンは二硫化炭素 CS_2 に溶けるが，赤リンは CS_2 に溶けない。

● マッチをこすると摩擦熱で赤リンが発火する。これにより，マッチの軸の硫黄などが燃えて火がつく。

● P_4O_{10} は分子式で，組成式 P_2O_5 より五酸化二リンとも呼ばれる。

● リン酸は，酢酸よりも強い酸で，塩は食品の pH 調整剤や，リン酸肥料の原料として利用されている。

● リン・窒素・カリウムの吸収量は多く，土壌中に欠乏しやすいので肥料の三要素と呼ばれている。

● H_3PO_4 はオルトリン酸と呼ばれ，オルトリン酸の二分子が脱水縮合したピロリン酸 $H_4P_2O_7$，複数のオルトリン酸が脱水縮合したメタリン酸（HPO_3）$_n$ がある。

A□❶ ダイヤモンドや黒鉛,フラーレンは炭素の [　]である。

A□❷ ダイヤモンドは非常に [　] く,電気を通さない。

A□❸ 黒鉛は [ア] く,電気を [イ]。

A□❹ 一酸化炭素は無色・無臭で水に溶け [　]。

A□❺ 一酸化炭素は炭素の不完全燃焼で発生し,毒性が [　]。

B□❻ 一酸化炭素が燃焼すると,青白い炎をあげて [ア] になる。 $2CO + O_2 \longrightarrow 2[イ]$

B□❼ 一酸化炭素は,実験室では [ア] に濃硫酸を加えて加熱すると発生する。 $[イ] \longrightarrow H_2O + CO$

C□❽ 一酸化炭素は,工業的には約 1000℃ に加熱したコークスに水蒸気を反応させて得られる。こうして得られた H_2 と CO の混合気体を [　] という。
$$C + H_2O \longrightarrow H_2 + CO$$

A□❾ 二酸化炭素は無色・無臭で水に溶け [　]。

A□❿ 二酸化炭素の水溶液は弱酸性を示し,[　] と呼ばれる。

A□⓫ 二酸化炭素は実験室では [ア] に塩酸を加えると発生する。
$$[イ] + 2HCl \longrightarrow CaCl_2 + H_2O + CO_2$$

B□⓬ 二酸化炭素は工業的には [ア] を加熱すると発生する。 $[イ] \longrightarrow CaO + CO_2$

A□⓭ 二酸化炭素を石灰水に通じるとどうなるか。

A□⓮ ⓭ の溶液にさらに二酸化炭素を通じるとどうなるか。

B□⓯ 緑色植物は [　] により,空気中の二酸化炭素と水からグルコース(ブドウ糖)などを合成している。
$$6CO_2 + 6H_2O \longrightarrow C_6H_{12}O_6 + 6O_2$$

解答

❶同素体

❷硬

❸ア：軟らか
　イ：よく通す

❹にくい

❺強い

❻ア：二酸化炭素
　イ：CO_2

❼ア：ギ酸
　イ：$HCOOH$

❽水性ガス
　（合成ガス）

❾やすい

❿炭酸水

⓫ア：炭酸カルシウム
　　（石灰石）
　イ：$CaCO_3$

⓬ア：炭酸カルシウム
　　（石灰石）
　イ：$CaCO_3$

⓭白く濁る。

⓮白濁が消え透明になる。

⓯光合成

解説

● ダイヤモンドは非常に硬い無色の結晶で，屈折率が大きく，熱伝導率もよい。大きな結晶は宝石，工業的には研磨材などに用いられる。

● 黒鉛は光沢のある黒色結晶で軟らかく鉛筆の芯に，また導電性がよいので電極などに用いられる。

● 一酸化炭素は，血液中のヘモグロビンと強く結びつき，酸素の運搬を妨げるので猛毒である。

● CO と H_2 の混合ガスを水性ガスといい，メタノールの原料となる。

$$CO + 2H_2 \xrightarrow[\text{高温高圧}]{\text{ZnO 触媒}} CH_3OH$$

● 二酸化炭素 CO_2（昇華点 $-79℃$）は，無色・無臭の気体で大気中に約 0.04 ％含まれている。水に少し溶けて弱酸性を示す。

● ⓭ の反応
$$Ca(OH)_2 + CO_2$$
$$\longrightarrow CaCO_3\downarrow + H_2O$$

● ⓮ の反応
$$CaCO_3 + H_2O + CO_2$$
$$\longrightarrow Ca(HCO_3)_2$$

● 14 族の覚え方
　C　Si　Ge　Sn　Pb
　く　さい　芸　すん　な

02 ケイ素

A□❶ ケイ素は地殻中に [ ] に次いで多く存在する元素である。

B□❷ ケイ素の単体は [ ] 結合結晶である。

B□❸ ケイ素の単体は金属光沢があり，[ ] の性質を示し，ICチップや太陽電池などに使われている。

A□❹ 水晶や石英，ケイ砂などの主成分は [ ] である。

A□❺ ❹は [ ] 結合結晶である。

C□❻ ケイ砂は [ ] 工業の原料となっている。

C□❼ ❻の製品としてあげられるものを答えよ。

SiO_2 の結晶格子

C□❽ ❻の工業の別名を何というか。

B□❾ 二酸化ケイ素を水酸化ナトリウムや炭酸ナトリウムとともに加熱すると生じる化合物は何か。

$$SiO_2 + 2NaOH \longrightarrow [\quad] + H_2O$$
$$SiO_2 + Na_2CO_3 \longrightarrow [\quad] + CO_2$$

B□❿ ❾に水を加えて加熱すると生じる，粘性の大きい液体を何というか。

B□⓫ ❿に塩酸を加えると生じる，白色ゲル状の物質を [ア] という。

$$Na_2SiO_3 + 2HCl \longrightarrow [イ] + 2NaCl$$

B□⓬ ⓫を加熱して脱水すると生じる物質は何か。

B□⓭ ⓬が利用されている用途を答えよ。

C□⓮ ⓭の理由は⓬がどのような特徴をもつためか，説明せよ。

A□⓯ 二酸化ケイ素を溶かす水溶液は [ア] である。

$$SiO_2 + 6[イ] \longrightarrow [ウ] + 2H_2O$$

134

解答

❶酸素

❷共有
❸半導体

❹二酸化ケイ素

❺共有

❻ケイ酸塩

❼陶磁器，ガラス，セメント
❽窯業（ようぎょう）
❾ケイ酸ナトリウム
Na₂SiO₃

❿水ガラス
⓫ア：ケイ酸
　イ：H₂SiO₃
⓬シリカゲル
⓭乾燥剤（かんそうざい），吸着剤
⓮表面に親水性のヒドロキシ基（−OH）を多くもつため。
⓯ア：フッ化水素酸（かすいそさん）
　イ：HF
　ウ：H₂SiF₆

解説

●地殻中に多く存在する元素

→ ✍ 54

●ケイ素の単体 Si は，融点 1410℃，密度 2.33 g/cm^3 で，天然には存在せず，酸化物を電気炉で還元して得られる。

$$SiO_2 + 2C \longrightarrow Si + 2CO$$

●ケイ素の結晶は金属光沢があり，電気伝導性は金属と非金属の中間の大きさ（半導体）である。

●高純度のケイ素の単体は，集積回路（しゅうせき）などの材料として用いられる。

●二酸化ケイ素やケイ酸塩は岩石や土壌を構成している。

●水晶，石英，ケイ砂はほぼ純粋な二酸化ケイ素である。ケイ砂はケイ酸塩工業（窯業）の原料となる。

●シリカゲルは多孔質の固体で，乾燥剤や吸着剤として利用されている。塩化コバルト CoCl₂ を含むシリカゲルは Co²⁺ により，乾燥時は青色，吸湿後は赤色になるため，水分の吸収の程度がわかる。

● シリカゲルの構造

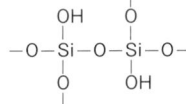

- 酸化還元反応による製法

A□❶　亜鉛に希塩酸を加えると発生する気体

$$Zn + 2HCl \longrightarrow ZnCl_2 + [\quad]$$

A□❷　酸化マンガン(IV)に濃塩酸を加えて加熱すると発生する気体

$$MnO_2 + 4HCl \longrightarrow MnCl_2 + 2H_2O + [\quad]$$

A□❸　銅に濃硫酸を加えて加熱すると発生する気体

$$Cu + 2H_2SO_4 \longrightarrow CuSO_4 + 2H_2O + [\quad]$$

A□❹　銅に希硝酸を加えると発生する気体

$$3Cu + 8HNO_3 \longrightarrow 3Cu(NO_3)_2 + 4H_2O + 2[\quad]$$

A□❺　銅に濃硝酸を加えると発生する気体

$$Cu + 4HNO_3 \longrightarrow Cu(NO_3)_2 + 2H_2O + 2[\quad]$$

- 分解反応による製法

A□❻　過酸化水素に酸化マンガン(IV)を加えると発生する気体。

$$2H_2O_2 \longrightarrow 2H_2O + [\quad]$$

B□❼　塩素酸カリウムに酸化マンガン(IV)を加えて加熱すると発生する気体。

$$2KClO_3 \longrightarrow 2KCl + 3[\quad]$$

B□❽　亜硝酸アンモニウム水溶液を加熱すると発生する気体。

$$NH_4NO_2 \longrightarrow 2H_2O + [\quad]$$

- 濃硫酸の脱水作用による製法

B□❾　ギ酸に濃硫酸を加えて加熱すると発生する気体。

$$HCOOH \longrightarrow H_2O + [\quad]$$

非金属元素の分野をできるようにするには，気体の製法を覚えよう。

❶ H_2

● 酸化還元反応は電子の授受が起こっている反応である。酸化剤,還元剤の電子の授受を理解しよう。
　　　➡「化学基礎」編 🔖54

❷ Cl_2

● ❻,❼ の MnO_2 は触媒として働いているので,質量は減少せず,反応式にも表さない。
　　❷ の塩素の製法で用いている MnO_2 は酸化剤として働いているので,質量は減少する。

❸ SO_2

❹ NO

● **気体の製法で加熱が必要なとき**
　　• MnO_2 が酸化剤として働くとき
　　　　➡ 🔖63 ❷

❺ NO_2

　　• 固体どうしが反応するとき
　　　　➡ 🔖63 ❼,🔖64 ❹

❻ O_2

　　• 濃硫酸を用いるとき
　　　　➡ 🔖63 ❸,❾,🔖64 ❻～❽

❼ O_2

● ❾:有機化合物に濃硫酸を加えて加熱すると,脱水反応が起こる。
　　　➡ 🔖91 (エタノールの脱水),
　　　　 🔖95 (エステル化)

❽ N_2

● 濃硫酸の脱水作用は,分子内の共有結合を切って H_2O として取り除く作用で,吸湿作用は湿気の原因である H_2O 分子を取り除く作用のこと。

❾ CO

● 弱酸・弱塩基遊離反応による製法

A☐❶ 亜硫酸水素ナトリウムに希硫酸を加えると発生する気体

$$NaHSO_3 + H_2SO_4$$
$$\longrightarrow NaHSO_4 + H_2O + [\quad]$$

A☐❷ 硫化鉄(Ⅱ)に希塩酸を加えると発生する気体

$$FeS + 2HCl \longrightarrow FeCl_2 + [\quad]$$

A☐❸ 石灰石に希塩酸を加えると発生する気体

$$CaCO_3 + 2HCl \longrightarrow CaCl_2 + H_2O + [\quad]$$

A☐❹ 塩化アンモニウムと水酸化カルシウムを混合して加熱すると発生する気体

$$2NH_4Cl + Ca(OH)_2$$
$$\longrightarrow CaCl_2 + 2H_2O + 2[\quad]$$

B☐❺ 高度さらし粉に希塩酸を加えると発生する気体

$$Ca(ClO)_2 \cdot 2H_2O + 4HCl$$
$$\longrightarrow CaCl_2 + 4H_2O + 2[\quad]$$

● 揮発性酸遊離反応による製法

A☐❻ 塩化ナトリウムに濃硫酸を加えて加熱する。

$$NaCl + H_2SO_4 \longrightarrow NaHSO_4 + [\quad]$$

A☐❼ フッ化カルシウム(ホタル石)に濃硫酸を加えて加熱する。

$$CaF_2 + H_2SO_4 \longrightarrow CaSO_4 + 2[\quad]$$

B☐❽ 硝酸ナトリウムに濃硫酸を加えて加熱する。

$$NaNO_3 + H_2SO_4 \longrightarrow NaHSO_4 + [\quad]$$

解答

❶ SO_2

❷ H_2S

❸ CO_2

❹ NH_3

❺ Cl_2

❻ HCl

❼ HF

❽ HNO_3

解説

● 弱酸・弱塩基遊離反応による製法

$$FeS + 2HCl \longrightarrow FeCl_2 + H_2S$$

弱酸塩　H^+　強酸　　強酸塩　弱酸

● ❺ の製法は,

$$Ca(ClO)_2 \cdot 2H_2O + 2HCl$$
$$\longrightarrow CaCl_2 + 2H_2O + 2HClO$$
$$2HClO + 2HCl$$
$$\rightleftharpoons 2Cl_2 + 2H_2O$$

の反応が組み合わさって1つになっている反応である。

● さらし粉に希塩酸を加える。
$$CaCl(ClO) \cdot H_2O + 2HCl$$
$$\longrightarrow CaCl_2 + 2H_2O + Cl_2$$

● 加熱の有無は, 実験装置を選ぶときに考えなければならないので, いっしょに覚えよう。➡ 63

● 揮発性酸遊離反応

Cl^- や F^- を含む化合物に不揮発性の濃硫酸を加えて加熱すると, 揮発性である HCl や HF が発生する反応。

● ❻ で $NaHSO_4$, ❼ で $CaSO_4$ が生じる理由。➡ 53

● ❽：硝酸 HNO_3（融点-42℃, 沸点 83℃）は, 常温では液体であるが, 揮発性を示す。

A☑❶ アンモニアの乾燥剤として適当なものを1つ答えよ。

B☑❷ 濃硫酸を乾燥剤として使えない酸性の気体を1つ答えよ。

B☑❸ 塩化カルシウムを乾燥剤として使えない気体を1つ答えよ。

A☑❹ 水に溶けにくい気体を捕集するのに適切な方法名を答えよ。

A☑❺ 発生したアンモニアを捕集するのに適切な方法名を答えよ。

B☑❻ 下方置換法で捕集される気体は、どのような性質をもっているか。

B☑❼ 右の図のふたまた試験管を用いるとき、固体は右・左のどちらに入れるか。

C☑❽ 固体を加熱するときに用いる右の図の装置で、加熱する試験管の口を下にする理由を答えよ。

C☑❾ 右の図の [ア] の装置は、まず [イ] に固体を入れ、次に [ウ] に液体を入れてコックを開くと、固体と液体が接触して反応する。コックを閉じると、[エ] 内が気体で満たされて液面が [オ] がり、気体の発生が停止する。

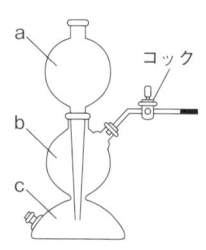

140

解　答

❶ ソーダ石灰
（せっかい）

❷ 硫化水素
（りゅうかすいそ）

❸ アンモニア

❹ 水上置換法

❺ 上方置換法

❻ 水に溶けやすく，空気より重い気体

❼ 右
（へこみのついたほう）

❽ 生じた水が液体になって加熱部へ戻ると試験管が割れるおそれがあるため。

❾ ア：キップ
　イ：b
　ウ：a
　エ：b
　オ：下

解　説

● 酸性の気体（Cl_2，HCl，H_2S，SO_2，NO_2，CO_2）の乾燥には，酸性の乾燥剤（濃硫酸，十酸化四リン P_4O_{10}）もしくは中性の乾燥剤（$CaCl_2$）を用いる。

● ただし H_2S に濃硫酸を用いると酸化還元反応を起こすので不適。

● 塩基性の気体（NH_3）の乾燥には，塩基性の乾燥剤（ソーダ石灰（$CaO + NaOH$），生石灰 CaO）を用いる。

● NH_3 の乾燥に $CaCl_2$ を用いると，$CaCl_2 \cdot 8NH_3$ という物質が生じてしまうため不適。

● 中性の気体（H_2，O_2，N_2，NO，CO）の乾燥には，すべての乾燥剤が使用できる。

● アンモニアは水に溶けやすく，空気より軽い気体なので，上方置換法で捕集する。

● ❼ の理由
気体の発生を止めるため固体側にある液体を液体側へ戻すとき，固体が液体側へ流入するのをへこみが防ぐから。

• 次の文で，検出できる気体の名称を答えよ。また，［　］に当てはまる語句，化学式を答えよ。

A□**❶** 捕集した気体にマッチの火を近づけると，ポンと音がする。

$$2［ア］+ O_2 \longrightarrow 2［イ］$$

B□**❷** 発生した気体は，湿らせたヨウ化カリウムデンプン紙を青紫色に変える。

$$［ア］+ 2KI \longrightarrow 2KCl +［イ］$$

$$［ウ］+ 2KI + H_2O \longrightarrow O_2 +［イ］+ 2KOH$$

A□**❸** 捕集した気体に火のついた線香を近づけると，炎が生じる。

B□**❹** 発生した気体を硫化水素の水溶液に吹き込むと，［ア］が析出して白濁する。

$$［イ］+ 2H_2S \longrightarrow 3［ウ］+ 2H_2O$$

B□**❺** 発生した気体を酢酸鉛（Ⅱ）水溶液に吹き込むと，［ア］の黒色沈殿を生じる。

$$［イ］+ (CH_3COO)_2Pb \longrightarrow 2CH_3COOH +［ウ］$$

A□**❻** 発生した気体に塩酸を近づけると，反応して［ア］の白煙を生じる。

$$［イ］+ HCl \longrightarrow ［ウ］$$

B□**❼** 発生した気体を酸素と反応させると，赤褐色の［ア］を生じる。

$$2［イ］+ O_2 \longrightarrow 2［ウ］$$

B□**❽** 発生した気体は，青白い炎をあげて燃える。

$$2［ア］+ O_2 \longrightarrow 2［イ］$$

A□**❾** 発生した気体を石灰水に吹き込むと［ア］が生じ，白濁する。さらに吹き込むと，白濁が消える。

$$［イ］+ Ca(OH)_2 \longrightarrow ［ウ］+ H_2O$$

$$［ウ］+ H_2O +［イ］\longrightarrow ［エ］$$

解　答

❶水素

　ア：H_2　イ：H_2O

❷塩素，オゾン

　ア：Cl_2　イ：I_2

　ウ：O_3

❸酸素

❹二酸化硫黄

　ア：硫黄　イ：SO_2

　ウ：S

❺硫化水素

　ア：硫化鉛(Ⅱ)

　イ：H_2S　ウ：PbS

❻アンモニア

　ア：塩化アンモニウ
　　　ム

　イ：NH_3　ウ：NH_4Cl

❼一酸化窒素

　ア：二酸化窒素

　イ：NO　ウ：NO_2

❽一酸化炭素

　ア：CO　イ：CO_2

❾二酸化炭素

　ア：炭酸カルシウム

　イ：CO_2

　ウ：$CaCO_3$

　エ：$Ca(HCO_3)_2$

解　説

● 反応の種類
酸化還元反応…❶❷❸❹❼❽
沈殿生成反応…❺❾
中和反応…❻❾

● ❷：酸化剤である O_3 と Cl_2 が，還元剤である KI と反応して I_2 を生じ，ヨウ素デンプン反応により青紫色を示す。➡ 113

　● ハロゲン単体の酸化力➡ 51

　　$F_2 > Cl_2 > Br_2 > I_2$

　● O_3 と KI の e^- を含む反応式

　　酸化　$O_3 + H_2O + 2e^- \longrightarrow O_2 + 2OH^-$

　　還元　$2I^- \longrightarrow I_2 + 2e^-$

● ❸：酸素は酸化力が強く，物質が燃焼するのを助ける性質（助燃性）をもつ。

● ❹：SO_2 と H_2S の e^- を含む反応式

　　酸化　$SO_2 + 4H^+ + 4e^- \longrightarrow S + 2H_2O$

　　還元　$H_2S \longrightarrow S + 2H^+ + 2e^-$

● ❺：酢酸鉛(Ⅱ)水溶液を染みこませた試験紙を，鉛糖紙という。

● ❻：気体の NH_3 と HCl の中和によって生じた NH_4Cl は微粒子状なので白煙に見える。

● ❼：NO は，空気中の O_2 と容易に反応して NO_2 になる。

➡ 59

A□❶ 水素を除く1族元素をアルカリ金属といい, [ア] 価の [イ] イオンになりやすい。

C□❷ アルカリ金属は密度が [ア] く, 軟らかくて融点が [イ] い。

C□❸ アルカリ金属は, 原子番号が大きいほど, 原子核の正電荷が最外殻電子を引きつける力が [ア] くなるので, 融点は [イ] くなる。また, イオン化エネルギーは [ウ] くなり, 反応性は [エ] くなる。

A□❹ アルカリ金属の単体は冷水と反応して [ア] を発生し, 水酸化物になる。また, 空気中の酸素とも容易に反応する。

$$2Na + 2H_2O \longrightarrow 2NaOH + [イ]$$
$$4Na + O_2 \longrightarrow 2[ウ]$$

B□❺ アルカリ金属の単体は空気中の酸素や水蒸気とすぐに反応するので, [　] 中に保存する。

A□❻ アルカリ金属の単体や化合物を炎に入れると特有な色を示す。この現象を何というか。

A□❼ ❻の反応で, リチウム, ナトリウム, カリウムを含んだ物質の炎の色はそれぞれ何色を示すか。

C□❽ ナトリウムの単体は塩化ナトリウムを融解して電気分解すると得られる。この方法を何というか。

A□❾ 水酸化ナトリウム NaOH は白色固体で, 水溶液は [　] 性を示す。繊維工業や薬品工業で使われる。

B□❿ 水酸化ナトリウムは空気中の水蒸気を吸収して溶ける。このような現象を何というか。

B□⓫ 水酸化ナトリウムは [ア] を吸収する。

$$2NaOH + [イ] \longrightarrow Na_2CO_3 + H_2O$$

B□⓬ 水酸化ナトリウムは工業的には [　] 水溶液の電気分解で製造される。

解 答

❶ ア：1
　イ：陽
❷ ア：小さ　イ：低

❸ ア：弱　イ：低
　ウ：小さ　エ：大き

❹ ア：水素
　イ：H_2
　ウ：Na_2O

❺ 石油（灯油）

❻ 炎色反応

❼ リチウム：赤
　ナトリウム：黄
　カリウム：赤紫
❽ 溶融塩電解
　（融解塩電解）
❾ 強塩基
❿ 潮解

⓫ ア：二酸化炭素
　イ：CO_2
⓬ 塩化ナトリウム

解 説

● アルカリ金属の単体の性質

	融点〔℃〕	密度〔g/cm³〕	炎色反応
Li	181　高	0.53	赤
Na	98	0.97	黄
K	64	0.86	赤紫
Rb	39	1.53	赤
Cs	28　低	1.87	青

反応性に富み，還元性が強い。

● NaClの溶融塩電解
　陰極：$Na^+ + e^- \longrightarrow Na$
　陽極：$2Cl^- \longrightarrow Cl_2 + 2e^-$

● アルカリ金属の単体は，ナイフで容易に切れるほど軟らかい。

● NaOH水溶液は強い塩基性で，皮膚や粘膜をおかす。

● NaCl aqを電気分解すると，陰極側にNaOHが得られる。純粋なNaOHを得るため，両極間を陽イオン交換膜で仕切ったイオン交換膜法で行われている。➡ 📖36
　$2NaCl + 2H_2O$
　　$\longrightarrow 2NaOH + H_2 + Cl_2$

● アルカリ金属の覚え方(Hを含む)
　H　Li　　Na　K　　　　Rb
　へりくつな　かあちゃんルビー
　Cs　　　Fr
　せしめてフランスへ

A☐❶ Na_2CO_3 は水に溶け [ア] く，[イ] 性を示す。

B☐❷ $Na_2CO_3 \cdot 10H_2O$ を空気中で放置すると水和水を失って $Na_2CO_3 \cdot H_2O$ となる現象を何というか。

C☐❸ Na_2CO_3 は何の原料に使われているか。

A☐❹ $NaHCO_3$ は水に [ア] 溶け，弱い [イ] 性を示し，[ウ] とも呼ばれる。

C☐❺ $NaHCO_3$ は何に用いられているか。

B☐❻ $NaHCO_3$ に強酸を加えるか，加熱すると，分解して [ア] を発生する。

$$NaHCO_3 + HCl \longrightarrow NaCl + H_2O + [イ]$$

$$2NaHCO_3 \longrightarrow Na_2CO_3 + H_2O + [イ]$$

• Na_2CO_3 の工業的製法について答えよ。

A☐❼ 製法名を答えよ。

B☐❽ [a] の化学式を答えよ。

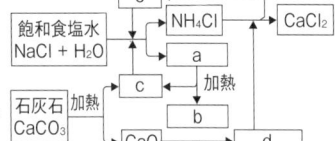

$$NaCl + H_2O + NH_3 + CO_2 \longrightarrow [a] + NH_4Cl$$

B☐❾ [b] の化学式を答えよ。

$$2NaHCO_3 \longrightarrow [b] + H_2O + CO_2$$

B☐❿ [c] の化学式を答えよ。

$$CaCO_3 \longrightarrow CaO + [c]$$

B☐⓫ [d] の化学式を答えよ。

$$CaO + H_2O \longrightarrow [d]$$

B☐⓬ [e] の化学式を答えよ。

$$Ca(OH)_2 + 2NH_4Cl$$
$$\longrightarrow CaCl_2 + 2H_2O + 2[e]$$

A☐⓭ ❽～⓬ の操作を一つにまとめる。

$$2NaCl + CaCO_3 \longrightarrow [ア] + [イ]$$

解答

❶ ア：やす　イ：塩基
❷ 風解

❸ ガラス，セッケン
❹ ア：少し　イ：塩基
　　ウ：重曹
❺ 胃薬，発泡性の入浴
　　剤，ふくらし粉（ベ
　　ーキングパウダー）
　　など
❻ ア：二酸化炭素
　　イ：CO_2

❼ アンモニアソーダ法
　　（ソルベー法）
❽ $NaHCO_3$

❾ Na_2CO_3

❿ CO_2

⓫ $Ca(OH)_2$

⓬ NH_3

⓭ ア：Na_2CO_3
　　イ：$CaCl_2$

解説

● 炭酸ナトリウム Na_2CO_3 は水に
よく溶け，加水分解して塩基性を
示す。ソーダガラスの原料として
用いられている。結晶では十水和
物 $Na_2CO_3 \cdot 10H_2O$ として存在し，
空気中に放置すると，水和水を
失って白色粉末状の一水和物
$Na_2CO_3 \cdot H_2O$ となる。このよう
な現象を風解という。

● 炭酸水素ナトリウム $NaHCO_3$ は
水に少し溶けて弱塩基性を示すの
で胃腸薬などに用いられる。
また，酸を加えたり，熱したりす
ると分解して CO_2 を発生するの
で，ベーキングパウダーなどに用
いられる。

● アンモニアソーダ法は 1861 年に
ベルギーのソルベーが考案したの
で，ソルベー法とも呼ばれている。

● アンモニアソーダ法は低コストで
生産できる方法で，電気分解も必
要としない。また，工業化した当
時は，NH_3 の大量合成法（ハー
バー・ボッシュ法，1913 年）が
発明されていなかったので，NH_3
や CO_2 が再利用できるこの方法
がすぐれていた。

69

アルカリ土類金属

A☐❶ 2族元素 Be, Mg, Ca, Sr, Ba, Ra は何と呼ばれるか。

A☐❷ ❶の単体の性質はアルカリ金属によく似ており，冷水と反応して［ア］を発生する。

$$Ca + 2H_2O \longrightarrow Ca(OH)_2 + [イ]$$

A☐❸ Ca, Sr, Ba は炎色反応を示す。それぞれ何色の炎になるか。

B☐❹ Mg は冷水とは反応しないが，熱水とは反応して［ア］を発生する。

$$Mg + 2H_2O \longrightarrow Mg(OH)_2 + [イ]$$

C☐❺ マグネシウムを空気中で燃焼すると，どのような現象が見られるか。

$$2Mg + O_2 \longrightarrow 2MgO$$

C☐❻ マグネシウムをドライアイス中で燃やすと生じる物質は何か。化学式を書け。

$$2Mg + CO_2 \longrightarrow 2MgO + [\quad]$$

B☐❼ 酸化マグネシウム MgO と水酸化マグネシウム $Mg(OH)_2$ は水に溶け［ア］く，水溶液は［イ］性を示す。

A☐❽ 水酸化バリウム $Ba(OH)_2$ の水溶液は［ア］性を示し，硫酸を加えると硫酸バリウム $BaSO_4$ の［イ］色沈殿を生じる。

$$Ba(OH)_2 + H_2SO_4 \longrightarrow BaSO_4 + 2H_2O$$

C☐❾ 硫酸バリウム $BaSO_4$ は酸にも溶けにくく，［ア］をよく吸収するので，レントゲン写真の際の［イ］に用いられる。

C☐❿ カルシウムイオン Ca^{2+} やマグネシウムイオン Mg^{2+} を多く含む水を［ア］，これらを少量しか含まない水を［イ］という。

解 答

❶アルカリ土類金属

❷ア：水素
　イ：H_2

❸ Ca：橙赤色
　Sr：紅色（深赤色）
　Ba：黄緑色

❹ア：水素
　イ：H_2

❺明るい光を出して燃焼する。

❻ C

❼ア：にく
　イ：弱塩基

❽ア：強塩基
　イ：白

❾ア：X線
　イ：造影剤

❿ア：硬水
　イ：軟水

解 説

● アルカリ土類金属の単体の性質

	融点〔℃〕	密度〔g/cm³〕	炎色反応	水との反応
Be	1282	1.85	－	－
Mg	649	1.74	－	熱水
Ca	839	1.55	橙赤	冷水
Sr	769	2.54	紅	冷水
Ba	729	3.59	黄緑	冷水

● $Ca(OH)_2$，$Sr(OH)_2$，$Ba(OH)_2$ は強塩基であるが，$Mg(OH)_2$ は弱塩基である。

● Mg の単体は空気中で燃えて MgO となる。また，還元力が強いため CO_2 中でも燃え，CO_2 を還元して C が生じる。

● バリウムは X 線の吸収能が大きいので，$BaSO_4$ は消化管の X 線の造影剤に用いられる。塩酸に溶けないので，胃酸に対しても安定である。

● アルカリ土類金属の覚え方

　　Be　　Mg　　Ca　　Sr
　　ベッドにもぐって彼女はスリープ
　　Ba　　Ra
　　バラ色だ

70

カルシウムの化合物

A☐❶ 酸化カルシウム CaO が水と反応して［ア］を生じるとき，多量の熱を発生する。

$$CaO + H_2O \longrightarrow [イ]$$

B☐❷ ❶の性質を利用しているものを答えよ。

B☐❸ 酸化カルシウムは別名で何と呼ばれているか。

B☐❹ 水酸化カルシウムは別名で何と呼ばれているか。

B☐❺ 水酸化カルシウムは水に［ア］溶け，［イ］性を示す。

A☐❻ 水酸化カルシウムの飽和水溶液を何というか。

A☐❼ ❻に二酸化炭素を吹き込むと，［ア］の沈殿が生じて白く濁る。

$$Ca(OH)_2 + CO_2 \longrightarrow [イ] + H_2O$$

A☐❽ ❼にさらに二酸化炭素を吹き込むと，［ア］となって透明になる。

$$CaCO_3 + H_2O + CO_2 \rightleftharpoons [イ]$$

C☐❾ ❼や❽の反応が起こってできる地形を何というか。

B☐❿ 炭酸カルシウム CaCO₃ は何の主成分か。

B☐⓫ 硫酸カルシウム二水和物 CaSO₄·2H₂O を何というか。

B☐⓬ ⓫を約 140℃で焼くと生じる半水和物

$$CaSO_4 \cdot \frac{1}{2}H_2O$$ を何というか。

C☐⓭ ⓫は何に利用されているか。

B☐⓮ 塩化カルシウム CaCl₂ は水によく溶け，［ア］性や［イ］性が強い。無水物は［ウ］剤や［エ］剤などに用いられる。

解答

❶ア：水酸化カルシウ
　　　ム
　イ：Ca(OH)$_2$
❷発熱剤
❸生石灰（せいせっかい）
❹消石灰（しょう）
❺ア：少し
　イ：強塩基（きょうえんき）
❻石灰水
❼ア：炭酸カルシウム
　イ：CaCO$_3$

❽ア：炭酸水素カルシ
　　　ウム
　イ：Ca(HCO$_3$)$_2$
❾鍾乳洞（しょうにゅうどう）

❿石灰岩，大理石（だいりせき）
⓫セッコウ

⓬焼きセッコウ
⓭セッコウ像，陶磁器
　の型，ギプス
⓮ア：吸湿（きゅうしつ）
　イ：潮解（ちょうかい）
　　（アとイは順不同）
　ウ：乾燥（かんそう）
　エ：融雪（ゆうせつ）
　　（ウとエは順不同）

解説

● カルシウム Ca は炭酸塩や硫酸塩
として地殻（ちかく）中に多く存在している。

● 生石灰 CaO は水と反応して，消
石灰 Ca(OH)$_2$ になる。その際，
多量の熱を発生する。生石灰は発
熱剤や乾燥剤として用いられる。

● 鍾乳洞は，二酸化炭素を含んだ水
が，石灰岩を溶かしてできた地形
である。

● 鍾乳石や石筍（せきじゅん）などは炭酸水素カル
シウム Ca(HCO$_3$)$_2$ が溶けた水か
ら，炭酸カルシウム CaCO$_3$ が析（せき）
出したものである。

● 硫酸カルシウム二水和物
CaSO$_4$·2H$_2$O をセッコウといい，
セッコウを約 140℃で焼くと生じ
る半水和物 CaSO$_4$·$\frac{1}{2}$ H$_2$O を焼
きセッコウという。

● CaSO$_4$·$\frac{1}{2}$ H$_2$O + $\frac{3}{2}$ H$_2$O

$\rightleftharpoons$ CaSO$_4$·2H$_2$O

● 焼きセッコウを 200℃以上で加熱
すると無水物（むすいぶつ）CaSO$_4$ となり，水
を加えてもセッコウに戻らない。
これを硬（こう）セッコウという。

71

アルミニウムの単体と化合物

A▢❶ アルミニウムは 13 族に属し，[ア] 個の価電子を もち [イ] 価の陽イオンになりやすい。

A▢❷ アルミニウムの単体は [ア] くて [イ] い金属である。

A▢❸ アルミニウムの単体は塩酸や水酸化ナトリウム水 溶液と反応して [　] を発生する。

A▢❹ ❸ のように酸とも塩基とも反応する金属を何と いうか。

A▢❺ ❹ に含まれる 4 つの元素の元素記号を答えよ。

B▢❻ アルミニウムは冷水と反応しないが，[　] と反 応する。

B▢❼ アルミニウムの単体は表面に緻密な酸化被膜を生 じるので濃硝酸には溶けない。このような状態を何 というか。

A▢❽ 酸化アルミニウムは酸にも強塩基にも溶けるので [　] 酸化物と呼ばれる。

$$Al_2O_3 + 6HCl \longrightarrow 2AlCl_3 + 3H_2O$$
$$Al_2O_3 + 3H_2O + 2NaOH \longrightarrow 2Na[Al(OH)_4]$$

A▢❾ アルミニウムイオンを含んだ水溶液に塩基を加え ると白色ゲル状の [　] の沈殿を生じる。

B▢❿ ❾ はアンモニア水には溶けないが，酸にも強塩 基にも溶けるので [　] 水酸化物と呼ばれる。

$$Al(OH)_3 + 3HCl \longrightarrow AlCl_3 + 3H_2O$$
$$Al(OH)_3 + NaOH \longrightarrow Na[Al(OH)_4]$$

B▢⓫ 化学式が $AlK(SO_4)_2 \cdot 12H_2O$ で表される化合物 は何か。

C▢⓬ $AlK(SO_4)_2 \cdot 12H_2O$ のように複数の塩からつくら れる塩を何というか。

C▢⓭ $AlK(SO_4)_2 \cdot 12H_2O$ の水溶液は何性を示すか。

解　答　　　　　　**解　説**

❶ア：3

　イ：3

❷ア：軽　イ：軟らか

❸水素

❹両性金属（りょうせい）

❺ Al, Zn, Sn, Pb

❻高温水蒸気

❼不動態（ふどうたい）

❽両性

❾水酸化アルミニウム

❿両性

⓫ミョウバン

⓬複塩（ふくえん）

⓭酸性

● **両性金属の覚え方**

　Al　Zn　Sn　　　Pb
　あ　あ　すん　なりと

● Al_2O_3 は水には溶けないが, 酸にも強塩基にも溶ける。このような酸化物を両性酸化物という。

● Al^{3+} を含んだ水溶液に塩基性の水溶液を加えると, $Al(OH)_3$ の白色ゲル状沈殿を生成する。

● $Al(OH)_3$ はアンモニア水には溶けないが, 酸や強塩基のいずれにも溶ける。このような水酸化物を両性水酸化物という。

● $Al_2(SO_4)_3$ と K_2SO_4 との混合水溶液を濃縮すると, 正八面体のミョウバン（硫酸カリウムアルミニウム十二水和物（すいわぶつ） $AlK(SO_4)_2\cdot12H_2O$）の結晶が得られる。

● ミョウバンのように, 複数の塩からつくられ, 水に溶けたときにももとの塩と同じイオンを生じる化合物を複塩という。

● ミョウバンは Al^{3+} が弱塩基由来, K^+ が強塩基由来, SO_4^{2-} が強酸由来のイオンからなる塩なので, 水溶液は加水分解して酸性を示す。

A ☑ ❶ アルミニウムの単体の原料となる鉱石の名称を答えよ。

A ☑ ❷ ❶から取り出した純粋な酸化アルミニウムを何というか。

A ☑ ❸ ❷から電気
分解でアルミニ
ウムの単体を得
る。その方法を
何というか。

C ☑ ❹ ❸の方法を行う理由を答えよ。

B ☑ ❺ ❸を行うとき，酸化アルミニウムは融点が高い（約2000℃）ので，[ ]と混ぜ合わせて融点を下げる。

B ☑ ❻ ❸の電気分解において，アルミニウムは何極に析出するか。

$$Al^{3+} + 3e^- \longrightarrow Al$$

B ☑ ❼ ❻と反対の極から生じる化合物を2つ答えよ。

$$C + O^{2-} \longrightarrow [ア] + 2e^-$$

$$C + 2O^{2-} \longrightarrow [イ] + 4e^-$$

B ☑ ❽ 航空機などに利用されている Al, Cu, Mg, Mn などの合金を何というか。

B ☑ ❾ アルミニウムはイオン化傾向が大きく，空気中で表面に[ ]の被膜を生じて内部を保護する。

C ☑ ❿ 電気分解により，人工的に緻密な酸化被膜をつけた製品を何というか。

B ☑ ⓫ アルミニウムと酸化鉄(Ⅲ)の混合物を高温で反応させると鉄が生じる。この反応を何というか。

$$2Al + Fe_2O_3 \longrightarrow Al_2O_3 + 2Fe$$

解 答

解 説

❶ボーキサイト

●アルミニウムは、地殻中に O、Si に次いで存在率が高く、$Al_2O_3 \cdot nH_2O$ がボーキサイトとして産出する。

❷アルミナ

❸溶融塩電解
（融解塩電解）

●ボーキサイトからアルミナを製造するバイヤー法は、1888 年、バイヤー（豪）によって発明された。

●アルミナから溶融塩電解をしてアルミニウムを得るホール・エルー法は、1886 年ホール（米）とエルー（仏）によってそれぞれ別々に発明された。

❹アルミニウムは水素よりイオン化傾向が大きいので、水溶液を電気分解しても水素が生じてしまうから。

●アルミナ Al_2O_3 の融点は 2054℃、氷晶石 Na_3AlF_6 の融点は 1012℃。氷晶石に 10%程度のアルミナを加えると凝固点降下が起こり、混合物の融点は約 960℃になる。

❺氷晶石（Na_3AlF_6）

❻陰極

❼ア：CO
　イ：CO_2

●ジュラルミンは Al、Cu、Mg、Mn などからなる合金で、軽量で強度が高いので、航空機の機体などに利用されている。

❽ジュラルミン

❾酸化アルミニウム

●空気中では表面が酸化されて、Al_2O_3 の緻密な酸化被膜を生じて内部を保護する。このような状態を不動態という。

❿アルマイト

⓫テルミット反応

● 13 族元素の覚え方

B	Al	Ga	In	Tl
ホウ	アルミ	が	イン	テリ

第3章　無機物質の性質と利用　155

スズ，鉛，亜鉛，水銀

A ☐ **❶** スズ Sn と鉛 Pb は [ア] 族の [イ] 元素，亜鉛 Zn と水銀 Hg は [ウ] 族の [エ] 元素に分類される。

A ☐ **❷** Sn，Pb，Zn は酸および強塩基と反応して [ア] を発生する。このような金属を [イ] 金属という。ただし，Pb は塩酸や希硫酸には水に難溶性の [ウ]，[エ] の被膜を形成するので溶けない。

B ☐ **❸** 塩化スズ(II) には [　] 作用がある。

$$Sn^{2+} \longrightarrow Sn^{4+} + 2e^-$$

A ☐ **❹** Pb^{2+} 含む水溶液に H_2S を通じると，[ア] 色の [イ] が沈殿する。

A ☐ **❺** 酸化鉛(IV) PbO_2 は鉛蓄電池の [　] 極に使われている。

$$PbO_2 + 4H^+ + SO_4^{2-} + 2e^-$$
$$\longrightarrow PbSO_4 + 2H_2O$$

A ☐ **❻** Cu と Sn の合金を [ア]，Cu と Zn の合金を [イ] という。

A ☐ **❼** Fe の表面に Sn をめっきしたものを [ア]，Fe の表面に Zn をめっきしたものを [イ] という。

A ☐ **❽** Zn^{2+} を含む水溶液に少量の塩基の水溶液を加えると，[ア] の [イ] 色ゲル状沈殿を生じる。

A ☐ **❾** ❽ の沈殿にさらにアンモニア水を加えると沈殿が溶解する。このとき生じたイオンの化学式を書け。

A ☐ **❿** Zn^{2+} を含む塩基性の水溶液に H_2S を通じると，[ア] の [イ] 色沈殿が生じる。

A ☐ **⓫** Hg は，融点が低く，常温で唯一の [　] の金属で，密度が大きい。極めて有毒であるため，近年は使用量が減少している。

C ☐ **⓬** Hg は多くの金属をよく溶かし，[　] と呼ばれる合金をつくる。

❶ ア：14　イ：典型
　　ウ：12　エ：遷移

❷ ア：水素
　　イ：両性
　　ウ：PbCl₂
　　エ：PbSO₄

❸ 還元

❹ ア：黒
　　イ：PbS

❺ 正

❻ ア：青銅
　　イ：黄銅

❼ ア：ブリキ
　　イ：トタン

❽ ア：$Zn(OH)_2$
　　イ：白

❾ $[Zn(NH_3)_4]^{2+}$

❿ ア：ZnS
　　イ：白

⓫ 液体

⓬ アマルガム

● Sn と Pb は 14 族の典型元素，Zn と Hg は 12 族の遷移元素である。ただし，12 族は遷移元素に含めない場合もある。

● $PbCl_2$ は冷水には溶けないが，熱水には溶ける。

● Sn^{2+} より Sn^{4+} の方が安定，Pb^{4+} より Pb^{2+} の方が安定。

● 鉛蓄電池の正極には PbO_2 が，負極には Pb が使われている。

● 青銅（ブロンズ）は Cu と Sn の合金で，銅像などに使われている。

● 黄銅（真ちゅう，ブラス）は Cu と Zn の合金で，楽器などに使われている。

● ブリキは Fe に Sn をめっきしたもので，傷がつきにくい缶詰の内壁などに用いられている。

● トタンは Fe に Zn をめっきしたもので，傷がつきやすい屋根などに用いられている。

● Hg は多くの金属を溶かすが，Pt, Mn, Fe, Co, Ni, W などは溶かさない。

B□❶ 錯イオンは，金属イオンに分子やイオンが〔　〕結合してできるイオンのことをいう。

B□❷ ❶の金属イオンに結合する分子やイオンを何というか。

B□❸ ❷の数を何というか。

C□❹ $K_3[Fe(CN)_6]$ のように，錯イオンを含む塩を何というか。

a 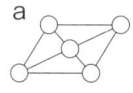 b 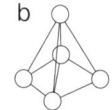 c 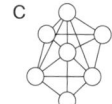 d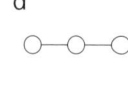

B□❺ $[Ag(NH_3)_2]^+$ の名称を答えよ。

C□❻ $[Ag(NH_3)_2]^+$ はa〜dのどれか。形の名称も答えよ。

B□❼ $[Cu(NH_3)_4]^{2+}$ の名称を答えよ。

C□❽ $[Cu(NH_3)_4]^{2+}$ はa〜dのどれか。形の名称も答えよ。

B□❾ $[Zn(NH_3)_4]^{2+}$ の名称を答えよ。

C□❿ $[Zn(NH_3)_4]^{2+}$ はa〜dのどれか。形の名称も答えよ。

B□⓫ $[Al(OH)_4]^-$ の名称を答えよ。

B□⓬ $[Fe(CN)_6]^{4-}$ の名称を答えよ。

C□⓭ $[Fe(CN)_6]^{4-}$ はa〜dのどれか。形の名称も答えよ。

B□⓮ $K_3[Fe(CN)_6]$ の名称を答えよ。

B□⓯ 水溶液が深青色をしている錯イオンの化学式を答えよ。

C□⓰ Cu^{2+} は水中ではどのような錯イオンで存在していると考えられるか。化学式を答えよ。

解 答

❶配位

❷配位子

❸配位数

❹錯塩

❺ジアンミン銀（Ⅰ）イオン

❻d，直線形

❼テトラアンミン銅（Ⅱ）イオン

❽a，正方形

❾テトラアンミン亜鉛（Ⅱ）イオン

❿b，正四面体形

⓫テトラヒドロキシドアルミン酸イオン

⓬ヘキサシアニド鉄（Ⅱ）酸イオン

⓭c，正八面体形

⓮ヘキサシアニド鉄（Ⅲ）酸カリウム

⓯$[Cu(NH_3)_4]^{2+}$

⓰$[Cu(H_2O)_4]^{2+}$

解 説

●分子やイオンが非共有電子対を一方的に出してできる共有結合を配位結合という。

●配位数は主に金属元素の種類によって決まる。
Ag^+：2，Zn^{2+}：4，Cu^{2+}：4，
Al^{3+}：6，Fe^{2+}：6，Fe^{3+}：6，
Co^{3+}：6，Ni^{2+}：6

●コバルト Co は 6 配位をとる。$[CoCl_2(NH_3)_4]^+$ にはシス形とトランス形の錯イオンがある。

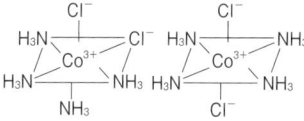

シス形（紫）　　　トランス形（緑）

配位子	名称	電荷
NH_3	アンミン	0
OH^-	ヒドロキシド	-1
CN^-	シアニド	-1
H_2O	アクア	0

● 配位数の名称
2：ジ，4：テトラ，6：ヘキサ

●錯イオンの価数は，金属イオンと配位子の電荷の和になる。

●錯イオンが陰イオンの場合は，名称に「酸」をつける。

75 鉄

A☐**❶** 鉄 Fe は金属元素のうち [ア] に次いで多く存在する。[イ] 色で比較的 [ウ] く，[エ] に引き寄せられる。

A☐**❷** 鉄は酸化数が [ア] と [イ] の化合物が存在するが，空気中では [イ] の化合物の方が安定である。

A☐**❸** 鉄は水素よりイオン化傾向が大きいので，酸と反応して [ア] を発生する。

$$Fe + 2H^+ \longrightarrow Fe^{2+} + [イ]$$

B☐**❹** 鉄は濃硝酸には表面に [ ] を形成して溶けない。

B☐**❺** Fe, Cr, Ni の合金は [ア] と呼ばれ，[イ] 性質をもつ。

C☐**❻** 鉄鉱石中の赤鉄鉱と赤さびは同じ化合物である。この化合物の化学式と名称を答えよ。

C☐**❼** 鉄鉱石中の磁鉄鉱と黒さびは同じ化合物である。この化合物の化学式と名称を答えよ。

B☐**❽** 単体の鉄は鉄の酸化物をコークスの C から生じた一酸化炭素で [ ] することで得られる。

B☐**❾** $K_3[Fe(CN)_6]$ aq を加えると濃青色沈殿を生じるのは何価の鉄イオンの水溶液か。

B☐**❿** $K_4[Fe(CN)_6]$ aq を加えると濃青色沈殿が生じるのは何価の鉄イオンの水溶液か。

B☐**⓫** KSCN 水溶液を加えると血赤色溶液となるのは何価の鉄イオンの水溶液か。

A☐**⓬** $FeSO_4$ 水溶液は何色か。

A☐**⓭** $FeCl_3$ 水溶液は何色か。

A☐**⓮** Fe^{2+} を含む水溶液に強塩基やアンモニア水を加えると生じる沈殿物の化学式と色を答えよ。

A☐**⓯** Fe^{3+} を含む水溶液に強塩基やアンモニア水を加えると生じる沈殿物の名称と色を答えよ。

解　答

❶ア：アルミニウム Al

　イ：灰白（銀白）

　ウ：軟らか

　エ：磁石

❷ア：+2　**イ**：+3

❸ア：水素　**イ**：H_2

❹ 緻密な酸化被膜

❺ア：ステンレス鋼

　イ：さびにくい

❻ Fe_2O_3，酸化鉄(Ⅲ)

❼ Fe_3O_4，四酸化三鉄

❽ 還元

❾ 2価の鉄イオン

❿ 3価の鉄イオン

⓫ 3価の鉄イオン

⓬ 淡緑色

⓭ 黄褐色

⓮ $Fe(OH)_2$，緑白色

⓯ 水酸化鉄(Ⅲ)，
　赤褐色

解　説

● 鉄は地球上のほとんどすべての岩石にケイ酸塩あるいは酸化物の形で含まれている。

● 鉄の単体は，灰白色をしており，高融点（1535℃）で強い磁性をもつ。

● ❹ のような状態を不動態という。

● 鉄鉱石（磁鉄鉱 Fe_3O_4，赤鉄鉱 Fe_2O_3 など）を溶鉱炉でコークスによって還元して金属の鉄を製造する。

● 酸化鉄(Ⅱ)FeO は発火しやすく，直ちに Fe_2O_3 や Fe_3O_4 になるので，自然には安定に存在しない。

● 鉄イオンの検出 ⇒ 🔍 81

● ❾ で生じた濃青色沈殿は青色顔料（ターンブルブルー）として使われていた。また，❿ で生じた濃青色沈殿は青色顔料（紺青，ベルリンブルー，プルシアンブルー）として使われていた。ターンブルブルーと紺青の組成は同じである。

● 水酸化鉄(Ⅲ)は，FeO(OH) や $Fe_2O_3 \cdot nH_2O$ などからなる混合物なので，1つの化学式で表すことができない。

B☐❶ 鉱物から，金属の単体を取り出すことを何というか。

B☐❷ 鉄鉱石に含まれる赤鉄鉱と磁鉄鉱の化学式を答えよ。

B☐❸ 鉄の製錬に必要なのは，鉄鉱石のほかに何と何か。

A☐❹ コークスが燃焼して生じる還元剤は何か。

$$2C + O_2 \longrightarrow 2[\quad]$$

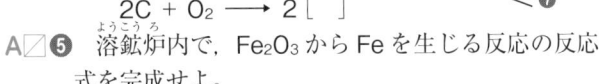

原料

高炉ガス

Fe_2O_3 — 200℃

❻ [ア] — 500℃

❻ [イ] — 800℃

Fe — 1200℃

熱風

❿

⓫

A☐❺ 溶鉱炉内で，Fe_2O_3 から Fe を生じる反応の反応式を完成せよ。

$$Fe_2O_3 + 3[\text{ア}] \longrightarrow 2Fe + 3[\text{イ}]$$

B☐❻ 溶鉱炉内で段階的に起こる Fe_2O_3，Fe_3O_4，FeO の還元反応の反応式を完成せよ。

$$3Fe_2O_3 + CO \longrightarrow 2[\text{ア}] + CO_2$$

$$[\text{ア}] + CO \longrightarrow 3[\text{イ}] + CO_2$$

$$[\text{イ}] + CO \longrightarrow Fe + CO_2$$

A☐❼ 溶鉱炉から得られる鉄は何と呼ばれるか。

C☐❽ ❼は不純物として4％程度の[　]を含む。

C☐❾ ❼の特徴を答えよ。

B☐❿ ❼が生成したとき，❼の上に浮かぶ物質は何か。

B☐⓫ ❿は何に使われているか。

A☐⓬ ❼を転炉に移し，酸素を吹き込んで不純物を燃焼させて得られた鉄を何というか。

C☐⓭ ⓬は0.02〜2％の[　]を含む。

C☐⓮ ⓬の特徴を答えよ。

解答

❶ 製錬

❷ 赤鉄鉱：Fe_2O_3
磁鉄鉱：Fe_3O_4

❸ コークス(C)
石灰石($CaCO_3$)

❹ CO（一酸化炭素）

❺ ア：CO
イ：CO_2

❻ ア：Fe_3O_4
イ：FeO

❼ 銑鉄（せんてつ）
❽ 炭素
❾ 硬くてもろい
❿ スラグ
⓫ セメント
⓬ 鋼（こう）

⓭ 炭素
⓮ 硬くて粘り（ねば）強い

解説

● 溶鉱炉から得られる鉄は銑鉄と呼ばれ，約4％の炭素や微量の不純物を含んでいるため硬いがもろい。

● 高温にした銑鉄に酸素を吹き込み不純物を除き炭素の含有量を0.02〜2％にしたものを鋼という。鋼は強じんで鉄骨やレールなどに用いられる。

● Fe_3O_4 を CO で還元して Fe を得る反応は次の通り。
$$Fe_3O_4 + 4CO \longrightarrow 3Fe + 4CO_2$$

● 次のような反応で CO が発生する。
$$2C + O_2 \longrightarrow 2CO$$
$$\begin{pmatrix} CaCO_3 \longrightarrow CaO + CO_2 \\ C + CO_2 \longrightarrow 2CO \\ \text{でも生じる。} \end{pmatrix}$$

● 鉄鉱石には SiO_2 や Al_2O_3 などが不純物として含まれている。これらの酸化物は Fe_2O_3 より還元されにくいので，石灰石（せっかいせき）と反応させてスラグとして取り除く。

● スラグのうちの1つ，ケイ酸カルシウム $CaSiO_3$ は，セメントに用いられる。

A□❶ 銅の単体は［ア］色を帯びた金属で，［イ］に富み
［ウ］伝導率がよい。

C□❷ 銅は鉱石 $CuFeS_2$ を還元して得られる。この鉱
石名を答えよ。

B□❸ 純度が約 99％の粗銅から純度が 99.99％以上の
純銅をつくる方法を何というか。

A□❹ 銅の単体を湿った空気中で放置しておくと生じる
緑色の物質を何というか。

B□❺ ❹ の化学式を答えよ。

B□❻ 黄銅（ブラス，真ちゅう）は，銅と何の合金か。

B□❼ 青銅（ブロンズ）は，銅と何の合金か。

B□❽ 白銅は銅と何の合金か。

C□❾ 洋銀は銅と何と何の合金か。

C□❿ 銅の単体を空気中で熱すると，1000℃以下では
［ア］色の CuO，1000℃以上では［イ］色の Cu_2O
を生じる。

A□⓫ $CuSO_4 \cdot 5H_2O$ は［ア］色結晶をしているが，加熱
すると脱水して $CuSO_4$ の［イ］色粉末になる。

A□⓬ $CuSO_4$ を水に溶かすと［　］色の溶液になる。

A□⓭ 銅（Ⅱ）イオンを含む水溶液に NaOH aq や少量
の NH_3 aq を加えると［ア］の［イ］色沈殿が生じる。
$$Cu^{2+} + 2OH^- \longrightarrow [ウ]$$

A□⓮ ⓭ の沈殿を含む水溶液に過剰の NH_3 aq を加え
ると，沈殿は溶けて錯イオン［ア］を含む［イ］色の
溶液になる。
$$Cu(OH)_2 + 4NH_3 \longrightarrow [ウ] + 2OH^-$$

B□⓯ $Cu(OH)_2$ を加熱すると［ア］色の［イ］に変わる。

B□⓰ Cu^{2+} を含む水溶液に H_2S を通じると［ア］色
の［イ］が沈殿する。

解　答

❶ア：赤

　イ：展性・延性

　ウ：電気・熱

❷黄銅鉱（おうどうこう）

❸電解精錬（でんかいせいれん）

❹緑青（ろくしょう）

❺ $CuCO_3 \cdot Cu(OH)_2$
　$(CuSO_4 \cdot 3Cu(OH)_2)$

❻亜鉛（あえん）

❼スズ

❽ニッケル

❾亜鉛，ニッケル

❿ア：黒　イ：赤

⓫ア：青　イ：白

⓬青

⓭ア：水酸化銅(Ⅱ)

　イ：青白

　ウ：$Cu(OH)_2$

⓮ア：テトラアンミン
　　　銅(Ⅱ)イオン

　イ：深青

　ウ：$[Cu(NH_3)_4]^{2+}$

⓯ア：黒

　イ：酸化銅(Ⅱ)(CuO)

⓰ア：黒

　イ：硫化銅(Ⅱ)(CuS)

解　説

● 銅は天然にはまれに単体として産出されることもあるが，多くは硫化物や酸化物として存在する。

● 銅の鉱石を還元して得られる銅は，純度が約99%で粗銅と呼ばれる。粗銅を電気分解により99.99%以上の高純度の銅（純銅）に精錬する。これを銅の電解精錬という。

● 銅は酸化数+1，+2の状態をとる。

● 銅は水素よりイオン化傾向（かけいこう）が小さいので，酸とは反応しないが，酸化力のある酸とは反応する。

● 銅は室温では酸化されにくいが，湿った空気中では徐々に酸化され緑青を生じる。

● **緑青の化学式**
　$CuCO_3 \cdot Cu(OH)_2$ や
　$CuSO_4 \cdot 3Cu(OH)_2$ などを含む混合物

● **銅の合金の覚え方**
　　青銅 Sn　黄銅 Zn　白銅 Ni
　　青（せい）　春（しゅん(すん)）のキ　ズは白（はく）紙に
　　洋銀 Zn　Ni
　　し ようぜ ニコ！

テーマ 78 ||| 銅の電解精錬

A☐**❶** 銅の単体は $CuFeS_2$ を多く含む鉱石を還元して得られる。この鉱石名を答えよ

B☐**❷** 溶鉱炉で，**❶**，石灰石，コークス，ケイ砂を反応させると生じる物質の化学式を答えよ。

$$4CuFeS_2 + 9O_2 \longrightarrow 2[\quad] + 2Fe_2O_3 + 6SO_2$$

B☐**❸** 生じた **❷** は転炉に移され，熱風を吹き込んで還元される。得られた銅を何というか。

$$[ア] + O_2 \longrightarrow 2Cu + [イ]$$

C☐**❹** **❸** の反応は，段階的に起こっている。

$$2Cu_2S + 3O_2 \longrightarrow 2[ア] + 2[イ]$$
$$Cu_2S + 2[ア] \longrightarrow 6Cu + [イ]$$

A☐**❺** 不純物を含む **❸** を電気分解して純度の高い物質を得る。この方法を何というか。

A☐**❻** **❺** で得られた銅を何というか。

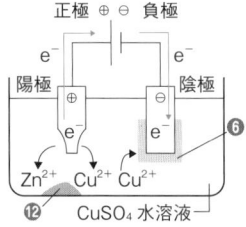

正極 ⊕ ⊖ 負極

陽極 ⊕ ⊖ 陰極

❻

Zn^{2+} Cu^{2+} Cu^{2+} **⓬**

$CuSO_4$ 水溶液

A☐**❼** 陰極に使う銅は何銅か。

A☐**❽** 陰極で起こる反応をイオン反応式で示せ。

A☐**❾** 陽極に使う銅は何銅か。

A☐**❿** 陽極で起こる反応をイオン反応式で示せ。

B☐**⓫** 粗銅中に含まれる Cu よりイオン化傾向の大きい，Zn や Fe，Ni はどうなるか。

B☐**⓬** 粗銅中に含まれる Cu よりイオン化傾向の小さい，Ag や Pt，Au はどうなるか。

解　答　　　　　　　　　解　説

❶黄銅鉱

●銅は硫化物として産出することが多く，銅鉱石としては黄銅鉱 $CuFeS_2$ が代表的なものである。

❷ Cu_2S

●黄銅鉱に石灰石，コークス，ケイ砂を混ぜて加熱すると，Cu_2S が得られる。

❸粗銅
　ア：Cu_2S
　イ：SO_2
❹ア：Cu_2O
　イ：SO_2

●純度が約 99％の粗銅から，純度が 99.99％以上の純銅を得るために，電解精錬を行う。

❺電解精錬

●電解精錬において，粗銅中に含まれる Ni や Zn，Fe などの金属は陽イオンとなり溶け出し，陰極には析出せず，Au や Pt，Ag はイオンとして溶け出すことなく，陽極の下に陽極泥として沈殿する。

❻純銅

❼純銅
❽ $Cu^{2+} + 2e^- \longrightarrow Cu$

●電解精錬を行うにあたって，不純物を純銅に析出させないようにするため，0.2～0.5 V の低電圧で行う。

❾粗銅
❿ $Cu \longrightarrow Cu^{2+} + 2e^-$
⓫溶液中にイオンとなって溶解する。
⓬陽極泥として陽極の下に沈殿する。

●⓫：陽極での反応
　$Zn \longrightarrow Zn^{2+} + 2e^-$
　$Fe \longrightarrow Fe^{2+} + 2e^-$
　$Ni \longrightarrow Ni^{2+} + 2e^-$

A☑❶ 銀は，熱や電気の伝導性（でんどうせい）が金属の中で最も［ア］く，展性（てんせい）・延性（えんせい）が［イ］に次いで大きい。

B☑❷ 銀の単体は空気中では［ア］されにくいが，硝酸や熱濃硫酸などの［イ］力のある酸に溶ける。

$$Ag + 2HNO_3(濃) \longrightarrow AgNO_3 + H_2O + NO_2$$

B☑❸ 銀の単体は，湿った空気中では硫化水素 H_2S と反応し，［ア］色の［イ］が生じる。

C☑❹ 酸化銀を加熱すると熱分解する。

$$2Ag_2O \longrightarrow 4[ア] + [イ]$$

B☑❺ 硝酸銀 $AgNO_3$ は［ア］色の結晶で水に［イ］。

A☑❻ Ag^+ を含む水溶液に NaOH aq または NH_3 aq を加えると［ア］色の［イ］が沈殿（ちんでん）する。

$$2Ag^+ + 2OH^- \longrightarrow [ウ] + H_2O$$

A☑❼ ❻の沈殿は過剰（かじょう）のアンモニア水を加えると，溶けて錯（さく）イオン［ア］を含む［イ］色の溶液になる。

$$Ag_2O + 4NH_3 + H_2O \longrightarrow 2[ウ] + 2OH^-$$

B☑❽ Ag^+ を含む水溶液に H_2S を吹き込むと［ア］色の［イ］が沈殿する。

$$2Ag^+ + S^{2-} \longrightarrow [ウ]$$

B☑❾ Ag^+ を含む水溶液にクロム酸カリウム K_2CrO_4 水溶液を加えると［ア］色の［イ］が沈殿する。

$$2Ag^+ + CrO_4{}^{2-} \longrightarrow [ウ]$$

B☑❿ ハロゲン化銀（AgF, AgCl, AgBr, AgI）の中で水に溶けるものはどれか。

A☑⓫ ハロゲン化銀は［　］性があり，光で分解する。

$$2AgBr \longrightarrow 2Ag + Br_2$$

C☑⓬ チオ硫酸ナトリウム $Na_2S_2O_3$ 水溶液は水に難溶性のハロゲン化銀を溶かす。

$$AgBr + 2Na_2S_2O_3 \longrightarrow [　] + NaBr$$

解　答	解　説

解　答

❶ア：大き　イ：金

❷ア：酸化　イ：酸化

❸ア：黒　イ：硫化銀

❹ア：Ag　イ：O₂

❺ア：無
　イ：よく溶ける
❻ア：褐
　イ：酸化銀
　ウ：Ag₂O
❼ア：ジアンミン銀（Ⅰ）
　　イオン
　イ：無
　ウ：[Ag(NH₃)₂]⁺
❽ア：黒
　イ：硫化銀
　ウ：Ag₂S
❾ア：赤褐
　イ：クロム酸銀
　ウ：Ag₂CrO₄
❿ AgF
⓫感光（かんこう）
⓬ Na₃[Ag(S₂O₃)₂]

解　説

● 輝銀鉱（きぎんこう）（主成分 Ag₂S），角銀鉱（かくぎんこう）（主成分 AgCl）や単体の銀として産出する。

● 銀の単体の熱伝導性と電気伝導性はすべての金属の中で最も大きい。
$Ag > Cu > Au > Al$

● 展性と延性は金の次に大きい。

● 銀の単体は空気中では酸化されにくく，逆に酸化物を加熱すると銀が析出（せきしゅつ）する。

● 硫黄と加熱したり硫化水素（りゅうかすいそ）に触れたりすると，黒色の硫化銀 Ag₂S を生成する。

● 熱濃硫酸や硝酸のような酸化力のある酸には溶ける。

● AgNO₃ は無色の結晶で水によく溶ける。AgNO₃ 水溶液に強塩基（きょうえんき）やアンモニア水を加えると，褐色の Ag₂O が沈殿する。さらにアンモニア水を加えると，沈殿が溶解する。この溶液をアンモニア性硝酸銀溶液という。

● $[Ag(S_2O_3)_2]^{3-}$
ビス（チオスルファト）銀（Ⅰ）酸イオン

● ⓫で生じた銀は微粒子のため黒色を示す。

第3章　無機物質の性質と利用　169

クロムとマンガン

C☐❶ クロム Cr は，[ア] 色の [イ] い金属で，融点が [ウ] い。空気中で [エ] となり，表面に緻密な酸化被膜をつくるので，腐食しにくい。

B☐❷ [ア] 色の CrO_4^{2-} を含む水溶液を [イ] 性にすると，[ウ] 色の $Cr_2O_7^{2-}$ を生じる。

$$2CrO_4^{2-} + 2[エ] \longrightarrow Cr_2O_7^{2-} + H_2O$$

B☐❸ $Cr_2O_7^{2-}$ を含む水溶液を [ア] 性にすると，CrO_4^{2-} を生じる。

$$Cr_2O_7^{2-} + 2[イ] \longrightarrow 2CrO_4^{2-} + H_2O$$

B☐❹ 硫酸で酸性にした二クロム酸カリウム $K_2Cr_2O_7$ の水溶液は強力な [ア] 作用を示す。

$$Cr_2O_7^{2-} + 14H^+ + 6e^- \longrightarrow 2[イ] + 7H_2O$$

A☐❺ クロム酸カリウム K_2CrO_4 の水溶液と Pb^{2+}，Ag^+，Ba^{2+} が反応して生じる沈殿物はそれぞれ何色か。

$PbCrO_4$ [ア] 色，Ag_2CrO_4 [イ] 色，
$BaCrO_4$ [ウ] 色

C☐❻ マンガン Mn は，[ア] 色の金属で，鉄より [イ] いが [ウ] い。空気中で [エ] されやすい。

A☐❼ 酸化マンガン(Ⅳ) MnO_2 は過酸化水素から酸素を発生させるときの [ ] として用いられる。

$$2H_2O_2 \xrightarrow{MnO_2} 2H_2O + O_2$$

A☐❽ MnO_2 を加熱すると酸化作用を示すので，濃塩酸と反応させて，[ア] を発生させるのに用いられる。

$$MnO_2 + 4HCl \longrightarrow MnCl_2 + 2H_2O + [イ]$$

B☐❾ MnO_2 はマンガン乾電池の [ ] 活物質として用いられる。

A☐❿ 硫酸で酸性にした過マンガン酸カリウム $KMnO_4$ は強力な [ ] 作用を示す。

$$MnO_4^- + 8H^+ + 5e^- \longrightarrow Mn^{2+} + 4H_2O$$

解答

❶ ア：銀白
　イ：硬
　ウ：高
　エ：不動態
❷ ア：黄
　イ：酸
　ウ：赤橙
　エ：H^+
❸ ア：塩基（えんき）
　イ：OH^-
❹ ア：酸化
　イ：Cr^{3+}
❺ ア：黄
　イ：赤褐
　ウ：黄

❻ ア：銀白
　イ：硬
　ウ：もろ
　エ：酸化
❼ 触媒（しょくばい）

❽ ア：塩素
　イ：Cl_2

❾ 正極

❿ 酸化

解説

● クロムは主に酸化数，$+3$，$+6$ の化合物をつくる。酸化数が$+6$ の化合物は毒性が強い。

● クロムの単体の融点は$1860℃$で，塩酸や硫酸に溶けて水素を発生するが，濃硝酸には溶けない。

● クロムは空気中では酸化されにくく，合金に用いられる。合金にはニクロム（ニッケルとクロムの合金），ステンレス鋼（鉄とクロムとニッケルの合金）などがある。

● CrO_4^{2-}：クロム酸イオン（黄色）
　$Cr_2O_7^{2-}$：ニクロム酸イオン（赤橙色）
　Cr^{3+}：クロム(Ⅲ)イオン（暗緑色）

● マンガンは主に酸化数$+2$，$+4$，$+7$ の化合物をつくる。

● マンガンは単独に金属材料としては用いられていないが，マンガン鋼の成分として重要である。マンガンを少量含む鋼は硬い。

● マンガンの単体は酸に溶けて，Mn^{2+}（淡赤色）を生じる。普通の鋼より硬いマンガン鋼の成分として重要である。

● MnO_2 は黒色粉末で水に溶けない。酸化剤（正極活物質）としてマンガン乾電池に用いられる。➡ 🖊34

● 次の金属イオンが溶けている水溶液がある。

K^+, Ba^{2+}, Ca^{2+}, Na^+, Al^{3+}, Zn^{2+}, Fe^{3+}, Pb^{2+}, Cu^{2+}, Ag^+

A☐❶ Cl^- を加えると沈殿を生じるイオンはどれか。

A☐❷ SO_4^{2-} を加えると沈殿を生じるイオンはどれか。

A☐❸ CO_3^{2-} を加えると沈殿を生じるイオンはどれか。

A☐❹ OH^- を加えると沈殿を生じるイオンはどれか。

A☐❺ H_2S を通じると，溶液の pH に関係なく硫化物が沈殿するイオンはどれか。

A☐❻ H_2S を通じると，溶液が中性～塩基性のときにだけ硫化物が沈殿するイオンはどれか。

A☐❼ H_2S を通じても，硫化物が沈殿しないイオンはどれか。

A☐❽ NH_3 水を少量加えると沈殿が生じるが，多量に加えると沈殿が溶解するイオンはどれか。

A☐❾ $NaOH$ 水溶液を少量加えると沈殿が生じるが，多量に加えると沈殿が溶解するイオンはどれか。

A☐❿ $K_4[Fe(CN)_6]$ 水溶液を加えると沈殿を生じるイオンはどれか。

A☐⓫ K_2CrO_4 水溶液を加えると沈殿を生じるイオンはどれか。

● 沈殿物の色

❶ Ag$^+$, Pb^{2+}

❷ Ba^{2+}, Ca^{2+}, Pb^{2+}

❸ Ba^{2+}, Ca^{2+}, Pb^{2+}

❹ Al^{3+}, Zn^{2+}, Fe^{3+},
Pb^{2+}, Cu^{2+}, Ag$^+$

❺ Pb^{2+}, Cu^{2+}, Ag$^+$

❻ Zn^{2+}, Fe^{3+}

❼ K$^+$, Ba^{2+}, Ca^{2+},
Na$^+$, Al^{3+}

❽ Zn^{2+}, Cu^{2+}, Ag$^+$

❾ Al^{3+}, Zn^{2+}, Pb^{2+}

❿ Fe^{3+}

⓫ Ba^{2+}, Pb^{2+}, Ag$^+$

● 沈殿物の色
❶：AgCl 白，PbCl$_2$ 白
❷：BaSO$_4$ 白，CaSO$_4$ 白，
PbSO$_4$ 白
❸：BaCO$_3$ 白，CaCO$_3$ 白，
PbCO$_3$ 白
❹：Al(OH)$_3$ 白，Zn(OH)$_2$ 白，
Fe(OH)$_3$ 赤褐，Pb(OH)$_2$ 白，
Cu(OH)$_2$ 青白，Ag$_2$O 褐
❺：PbS 黒，CuS 黒，Ag$_2$S 黒
❻：ZnS 白，FeS 黒（H$_2$S で還元
されて Fe^{2+} になる）➡ 🖋55
⓫：BaCrO$_4$ 黄，PbCrO$_4$ 黄，
Ag$_2$CrO$_4$ 赤褐

● 錯イオンの形成 ➡ 🖋74
❽：[Zn(NH$_3$)$_4$]$^{2+}$，[Cu(NH$_3$)$_4$]$^{2+}$，
[Ag(NH$_3$)$_2$]$^+$
❾：[Al(OH)$_4$]$^-$，[Zn(OH)$_4$]$^{2-}$，
[Pb(OH)$_4$]$^{2-}$

● 鉄イオンの検出
❿：Fe^{2+} を 含 む 水 溶 液 に
[Fe(CN)$_6$]$^{3-}$，Fe^{3+} を 含 む
水溶液に [Fe(CN)$_6$]$^{4-}$ を加
えると，ともに濃青色沈殿を
生じる。

● **❷**，**❸** の覚え方
Ba^{2+}　Ca^{2+}　Pb^{2+}
　ば　　　か　　　な

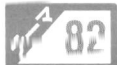

82 金属イオンの分離

B☐❶ 次の金属イオンを分離し，沈殿(ちんでん)物を答えよ。

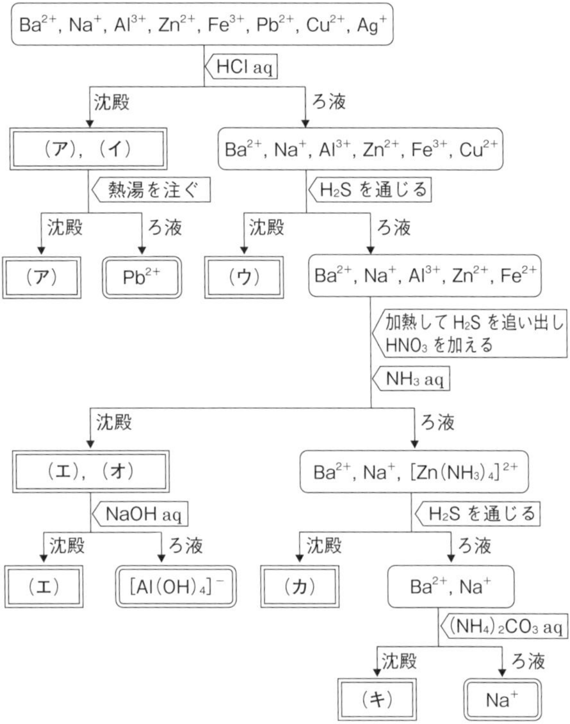

Ba^{2+}, Na^{+}, Al^{3+}, Zn^{2+}, Fe^{3+}, Pb^{2+}, Cu^{2+}, Ag^{+}
HCl aq
沈殿
ろ液
（ア），（イ）
Ba^{2+}, Na^{+}, Al^{3+}, Zn^{2+}, Fe^{3+}, Cu^{2+}
熱湯を注ぐ
H_2S を通じる
沈殿
ろ液
沈殿
ろ液
（ア）
Pb^{2+}
（ウ）
Ba^{2+}, Na^{+}, Al^{3+}, Zn^{2+}, Fe^{2+}
加熱して H_2S を追い出し HNO_3 を加える
NH_3 aq
沈殿
ろ液
（エ），（オ）
Ba^{2+}, Na^{+}, $[Zn(NH_3)_4]^{2+}$
NaOH aq
H_2S を通じる
沈殿
ろ液
沈殿
ろ液
（エ）
$[Al(OH)_4]^{-}$
（カ）
Ba^{2+}, Na^{+}
$(NH_4)_2CO_3$ aq
沈殿
ろ液
（キ）
Na^{+}

解答

❶ ア：AgCl

イ：PbCl₂

ウ：CuS

エ：Fe(OH)₃

オ：Al(OH)₃

カ：ZnS

キ：BaCO₃

解説

● 金属イオンの分離の考え方

(1) HCl aq を加える

(2) 酸性条件で H₂S を通じる

(3) NH₃ aq を加える

(4) 塩基性条件で H₂S を通じる

(5) (NH₄)₂CO₃ aq を加える

の順番で操作をしていくと、イオン化傾向の小さい金属のイオンから沈殿していく。

● HCl aq で沈殿するのは AgCl と PbCl₂。➡ 🖊81

● 熱湯に溶けるといえば PbCl₂。

● H₂S による硫化物の沈殿➡ 🖊81

● HNO₃ を加えるのは、H₂S を通じたあと、Fe^{3+} は Fe^{2+} に還元されてしまうので、HNO₃ を加えて再び酸化させ Fe^{3+} へ戻すため。

● Al(OH)₃ の沈殿に、過剰の NaOH aq を加えると、$[Al(OH)_4]^-$ となって溶解する。➡ 🖊81

● Zn^{2+} aq に NH₃ aq を加えると、Zn(OH)₂ の沈殿を生じるが、NH₃ aq を過剰に加えると、$[Zn(NH_3)_4]^{2+}$ となって溶解する。

● Ba^{2+} に CO_3^{2-} を反応させると、BaCO₃ が沈殿する。➡ 🖊81

● Na^+ は炎色反応で検出できる。➡ 🖊67

B☐❶ 複数の金属または金属と非金属を融解して混ぜ合わせ，凝固させたものを何というか。

B☐❷ 鉄などの表面を他の金属でおおい，腐食（ふしょく）を防ぐ方法を何というか。

A☐❸ 軽くて強く，航空機などに使われる Al，Cu，Mg，Mn の合金の名称を答えよ。

A☐❹ さびにくく，台所用品に使われる Fe，Cr，Ni の合金の名称を答えよ。

A☐❺ 加工しやすく，楽器に使われる Cu，Zn の合金の名称を答えよ。

A☐❻ さびにくく，硬い銅像に使われる Cu，Sn の合金の名称を答えよ。

B☐❼ さびにくく，硬貨に使われる Cu，Ni の合金の名称を答えよ。

B☐❽ 食器に使われる Cu，Zn，Ni の合金の名称を答えよ。

C☐❾ 融点が低く，金属どうしの接合剤に使われる Sn と Pb の合金を [ア] という。また，近年では Pb の毒性により使われなくなり，Pb の替わりに Ag と Cu を用いた合金を [イ] という。

C☐❿ 電気抵抗が比較的大きく，電熱線などに利用されている Ni，Cr の合金の名称を答えよ。

A☐⓫ 屋根などに使われている，Fe の表面に Zn をめっきしたものを何というか。

A☐⓬ 缶詰（かんづめ）などに使われている，Fe の表面に Sn をめっきしたものを何というか。

C☐⓭ Al をよりさびにくくするために，電気分解で人工的に Al_2O_3 の酸化被膜（ひまく）を表面につくる処理をしたものを何というか。

解　答

❶ 合金

❷ めっき

❸ ジュラルミン

❹ ステンレス鋼

❺ 黄銅
（真ちゅう，ブラス）
❻ 青銅（ブロンズ）

❼ 白銅
（キュプロニッケル）
❽ 洋銀

❾ ア：はんだ
イ：無鉛はんだ

❿ ニクロム
⓫ トタン

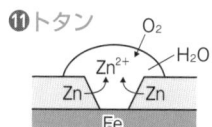

⓬ ブリキ

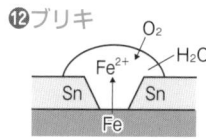

⓭ アルマイト

解　説

● 金属は，湿った空気中で酸素と反応して，錆となる。

$$O_2 + 2H_2O + 4e^- \longrightarrow 4OH^-$$

● 合金は，それぞれの単体にはないすぐれた性質を示すようになる。

● **ジュラルミンの覚え方**
Al　Cu　Mg　Mn
歩　く　マグ　マ

● **ステンレス鋼の覚え方**
Fe　Cr　Ni
鉄　は苦労　人

● **銅の合金の覚え方 ➡** 77

● **はんだの覚え方**
　　　　　Sn　Pb
はんだに　すん　な

● **トタンの腐食**
Zn は空気中で ZnO の被膜を表面につくって内部を保護している。また，傷がついても Fe より溶けやすいので Fe の腐食を防ぐ。

● **ブリキの腐食**
鉄の表面にさびにくい金属である Sn をめっきしてあるが，傷がつくと鉄が先に腐食する。

● **トタンとブリキの覚え方**
Sn　ブリキ　Zn　トタン
す　ぶりは　あ　とで

第3章　無機物質の性質と利用　**177**

A☐**❶** 現在，炭素原子を骨格とする化合物を [ア]，そうでない化合物を [イ] と定義している。

A☐**❷** 有機化合物の構成元素は炭素，[ア]，[イ]，窒素，硫黄，ハロゲンなどからなり，種類は少ない。

A☐**❸** 有機化合物は炭素原子どうしの [ア] 結合からなる分子で，種類は [イ]。

A☐**❹** 有機化合物の多くは分子からなり，融点，沸点は比較的 [ア] く，分子量が大きくなるほど [イ] くなる。

A☐**❺** 有機化合物の多くは [ ] に溶けにくく，ジエチルエーテルなどの有機溶媒に溶けやすい。

A☐**❻** 有機化合物は完全燃焼すると多くは [ア] と [イ] を生じる。

B☐**❼** 炭素と水素だけでできた有機化合物を何というか。

B☐**❽** ❼のうち，炭素原子間の結合がすべて単結合である化合物を何というか。

B☐**❾** ❼のうち，炭素原子間に二重結合，三重結合を含む化合物を何というか。

B☐**❿** ❼のうち，炭素原子が鎖状に結合している化合物を何というか。

B☐**⓫** ❼のうち，炭素原子が環状に結合している化合物を何というか。

B☐**⓬** ❼のうち，ベンゼン環をもつ化合物を何というか。

B☐**⓭** 特徴的な反応性の原因となる性質を決める働きをもつ原子団を何というか。

B☐**⓮** ⓭以外で炭素と水素だけで構成されている部分を何というか。

A☐**⓯** ベンゼン環を含む有機化合物を一般に [ア] と呼び，それ以外の有機化合物を [イ] と呼ぶ。

解答

❶ ア：有機化合物
イ：無機化合物

❷ ア：水素
イ：酸素
（アとイは順不同）

❸ ア：共有
イ：多い

❹ ア：低
イ：高

❺ 水

❻ ア：二酸化炭素
イ：水
（アとイは順不同）

❼ 炭化水素

❽ 飽和炭化水素

❾ 不飽和炭化水素

❿ 鎖式炭化水素

⓫ 環式炭化水素

⓬ 芳香族炭化水素

⓭ 官能基

⓮ 炭化水素基

⓯ ア：芳香族化合物
イ：脂肪族化合物

解説

● 昔は，有機化合物は生命の助けがなければつくり出せないという「生気説」が唱えられていた。

● 1828年，ドイツのウェーラーは，無機化合物のシアン酸化合物 NH_4OCN を加熱して有機化合物である尿素 $CO(NH_2)_2$ を合成したことで，有機化合物も無機化合物から人工的に合成できることを示した。

● 炭素原子をもつ化合物のうち，例外として，CO や CO_2 や $CaCO_3$ などの炭酸塩，KCN などのシアン化物は無機化合物に分類される。

● 有機化合物を構成する元素は，C，H，O，N，S，P，Cl などである。

● 有機化合物は種類が多く，数千万種以上あるが，無機化合物は数万種程度である。

● 特徴的な反応性の原因となる性質を決める働きをもつ原子団を官能基という。

● 炭化水素基のうち，アルカン分子から水素原子1個が取れてできたものをアルキル基といい，R−で表す。

第4章　有機化合物の性質と利用　179

- C，H，O からなる分子量 60 の化合物の試料 30 mg を完全燃焼させたところ，CO_2 44 mg，H_2O 18 mg を生じた。原子量を H = 1.0，C = 12，O = 16 とする。

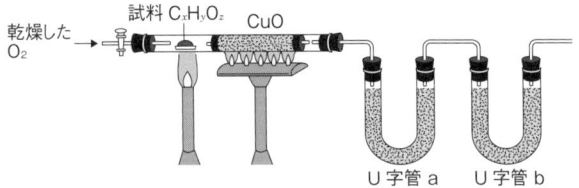

B☐❶ CuO の役割は何か。

A☐❷ U字管aに入れておく物質の名称を答えよ。

A☐❸ ❷は何を吸収するか。化学式を答えよ。

A☐❹ U字管bに入れておく物質の名称を答えよ。

A☐❺ ❹は何を吸収するか。化学式を答えよ。

B☐❻ 試料中の C の質量は何 mg か。

$$44 \times [\text{ア}] = [\text{イ}] \text{(mg)}$$

B☐❼ 試料中の H の質量は何 mg か。

$$18 \times [\text{ア}] = [\text{イ}] \text{(mg)}$$

B☐❽ 試料中の O の質量は何 mg か。

$$30 - ❻ - ❼ = [\quad] \text{(mg)}$$

B☐❾ この化合物の組成式を求めよ。

$$C : H : O = \frac{12}{[\text{ア}]} : \frac{2.0}{[\text{イ}]} : \frac{16}{[\text{ウ}]} = 1 : 2 : 1$$

B☐❿ この化合物の分子式を求めよ。

$$(CH_2O)_n = 60 \text{ より，} n = [\quad]$$

C☐⓫ この化合物が官能基にカルボキシ基をもつとき，化合物の示性式を答えよ。

C☐⓬ この化合物が官能基にエステル結合をもつとき，化合物の示性式を答えよ。

解答

❶試料を完全燃焼させるための酸化剤

❷塩化カルシウム

❸ H_2O

❹ソーダ石灰

❺ CO_2

❻ア：$\dfrac{12}{44}$　イ：12

❼ア：$\dfrac{2.0}{18}$　イ：2.0

❽ 16

❾ア：12　イ：1.0
　ウ：16
　組成式：CH_2O

❿ 2
　分子式：$C_2H_4O_2$

⓫ CH_3COOH

⓬ $HCOOCH_3$

解説

● 有機化合物を構成する元素の種類や割合を調べることを，有機化合物の元素分析という。

● 組成式：分子の構成原子の個数比
分子式：分子の構成原子の個数
示性式：分子式の中から官能基だけを抜き出して表した式
　組成式 × n（整数）＝ 分子式

● ソーダ石灰は，CaO を濃 NaOH 水溶液に浸し，加熱乾燥して作った白色粒状の固体。

● ソーダ石灰は CO_2 と H_2O の両方を吸収しやすいので後に置き，$CaCl_2$ を前に置いて先に H_2O だけを吸収させる。置く順番に注意。

● 元素の検出法
N➡試料に NaOH を加えて加熱すると，NH_3 が発生する。濃塩酸を近づけると白煙を生じる。
S➡試料に NaOH を加えて加熱して Na_2S とし，水に溶かして酢酸鉛 $(CH_3COO)_2Pb$ を加えると，PbS の黒色沈殿を生じる。
Cl ➡焼いた銅線に試料をつけて燃焼させると，$CuCl_2$ による青緑色の炎色反応が見られる。

● ⓫：カルボキシ基➡ −COOH
⓬：エステル結合➡ −COO−

異性体

A☐❶ 異性体とは, [ ]が同じで性質や構造が異なる化合物をいう。

A☐❷ 炭素骨格の違いや官能基の位置の違い, 原子の結合の仕方の違いによる異性体を何というか。

B☐❸ アルカンの異性体は炭素の数がいくつ以上になると出てくるか。

B☐❹ C_5H_{12} の異性体はいくつあるか。

A☐❺ 構造式は同じであるが, 分子の立体構造が異なるため生じる異性体を何というか。

A☐❻ ❺の異性体のうち, C=C と結合する原子のつき方によって生じる異性体を何というか。

A☐❼ a, bのうち, シス形はどちらか。

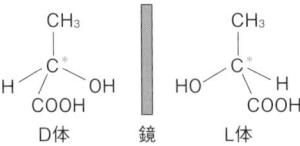

A☐❽ 結合する4つの原子や原子団がすべて異なる炭素原子を何というか。

A☐❾ ❽をもつ次の化合物の名称を答えよ。

CH₃
C*
H   OH
COOH
D体
鏡
CH₃
C*
HO   H
COOH
L体

B☐❿ ❽をもつ化合物は, ❾のように原子または原子団の立体的配置が異なるため互いに重ならず, 鏡に対する実像と虚像の関係にある。このような異性体を何というか。

B☐⓫ ❿の異性体は融点や沸点はほぼ [ア] だが, 平面偏光に対する性質 (旋光性) が [イ]。

182

解 答

❶分子式

❷構造異性体

❸4つ

❹3つ
❺立体異性体

❻シス-トランス異性体

❼a

❽不斉炭素原子

❾乳酸（$C_3H_6O_3$）

❿鏡像異性体

⓫ア：同じ
　イ：異なる

解 説

● 構造異性体の分類
　• 骨格異性
　　C_5H_{12}（H 省略）

　　C-C-C-C-C　C-C-C-C
　　　　　　　　　　　　｜
　　　　　　　　　　　　C

　　　　C
　　　　｜
　　C-C-C
　　　　｜
　　　　C

　• 位置異性
　　C_3H_7OH

　　$CH_3-CH_2-CH_2$　1-プロパノール
　　　　　　　　　｜
　　　　　　　　　OH

　　$CH_3-CH-CH_3$　2-プロパノール
　　　　　　｜
　　　　　　OH

　• 官能基異性
　　C_2H_6O

　　CH_3-CH_2-OH　エタノール
　　CH_3-O-CH_3　ジメチルエーテル

● シス-トランス異性体で，同種の原子や原子団が二重結合をはさんで同じ側にあるものをシス形，反対側にあるものをトランス形という。

● 一般に，不斉炭素原子を n 個もつ分子には，最大で 2^n 個の立体異性体が存在する。

● ❾ のように不斉炭素原子には*印をつけて区別することが多い。

87 | アルカン

A▢❶ アルカンは，すべて［　］結合からなる鎖式飽和<ruby>炭化水素<rt>たんかすいそ</rt></ruby>である。

A▢❷ アルカンの一般式を表せ。

A▢❸ メタン CH_4 の立体構造はどのような形か。

B▢❹ アルカンの分子量が大きくなると，沸点・融点はどうなるか。

B▢❺ アルカンは，［ア］が小さいため水にほとんど溶けず，有機溶媒によく溶ける。また，液体と固体は［イ］も小さいので水に浮く。

A▢❻ メタンの実験室的製法は，［ア］に水酸化ナトリウムを加えて強熱すると得られる。

$$［イ］ + NaOH \longrightarrow CH_4 + Na_2CO_3$$

A▢❼ メタンと塩素を混合して［ア］を当てると水素原子が塩素原子に置き換わる反応が起こる。

$$CH_4 + Cl_2 \xrightarrow{［ア］} CH_3Cl + ［イ］$$

塩素が十分にあれば，この反応は次々に起こる。

$$CH_4 \xrightarrow[+Cl_2]{［ア］} CH_3Cl \xrightarrow[+Cl_2]{［ア］} CH_2Cl_2 \xrightarrow[+Cl_2]{［ア］} CHCl_3$$

$$\xrightarrow[+Cl_2]{［ア］} CCl_4$$

B▢❽ CH_3Cl，CH_2Cl_2，$CHCl_3$，CCl_4 の名称を答えよ。

A▢❾ ❼のように，分子中の原子が他の原子や基で置き換わる反応を何というか。

B▢❿ シクロアルカンは，炭素が［　］状になった飽和炭化水素である。

B▢⓫ シクロアルカンの一般式を表せ。

B▢⓬ 共通の一般式で表され，性質や構造がよく似た一群の化合物を何というか。

解 答

❶ 単

❷ C_nH_{2n+2}
❸ 正四面体
❹ 高くなる

❺ ア：極性
　イ：密度

❻ ア：酢酸ナトリウム
　イ：CH_3COONa

❼ ア：光
　イ：HCl

❽ CH_3Cl：クロロメタ
　ン（塩化メチル）
　CH_2Cl_2：ジクロロ
　メタン（塩化メチレ
　ン）
　$CHCl_3$：トリクロロ
　メタン（クロロホル
　ム）
　CCl_4：テトラクロ
　ロメタン（四塩化炭
　素）
❾ 置換反応
❿ 環
⓫ C_nH_{2n}（$n \geqq 3$）
⓬ 同族体

解 説

● メタンの構造

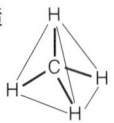

● アルカンの分子式と名称

分子式	名称	分子式	名称
CH_4	メタン	C_6H_{14}	ヘキサン
C_2H_6	エタン	C_7H_{16}	ヘプタン
C_3H_8	プロパン	C_8H_{18}	オクタン
C_4H_{10}	ブタン	C_9H_{20}	ノナン
C_5H_{12}	ペンタン	$C_{10}H_{22}$	デカン

● 一般式の n が2以上のアルカン
のC-C単結合では，その結合を
軸として両側の原子が自由に回転
できる。

● アルカンの密度
液体：約 $0.6 \sim 0.8 \text{ g/cm}^3$
固体：約 0.8 g/cm^3

● シクロヘキサン C_6H_{12} は平面構
造ではなく，その結合角は正四面
体の角度（109.5°）に近く，いす
形と舟形の2種類が知られてお
り，いす形の方が安定である。

炭素骨格の構造

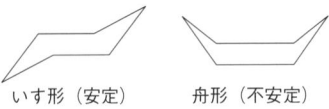

いす形（安定）　　　舟形（不安定）

A□❶　アルケンは，炭素間 [　] 結合を 1 つ含む鎖式不飽和炭化水素である。

A□❷　アルケンの一般式を表せ。

A□❸　エチレン C_2H_4 の構造はどのような形か。

A□❹　アルケンの炭素間二重結合が切れて，他の原子や原子団が結合する反応を何というか。

A□❺　エチレンに白金やニッケルを触媒として水素を付加させると生じる化合物は何か。

$$CH_2=CH_2 + H_2 \longrightarrow [\quad]$$

A□❻　エチレンを臭素水に通すと生じる化合物は何か。

$$CH_2=CH_2 + Br_2 \longrightarrow [\quad]$$

A□❼　❻ の反応前後で見られる色の変化を答えよ。

B□❽　❼ の結果から，❻ は何の検出法か。

B□❾　同じ分子どうしが次々に付加反応を起こし，高分子化合物を生じる反応を何というか。

B□❿　エチレンの ❾ で生じた高分子化合物は何か。

$$nCH_2=CH_2 \longrightarrow [\quad]$$

B□⓫　塩化ビニル $CH_2=CHCl$ を原料として付加重合が起こると生じる化合物は何か。

$$n \begin{matrix} CH_2=CH \\ | \\ Cl \end{matrix} \longrightarrow \begin{bmatrix} CH_2-CH \\ | \\ Cl \end{bmatrix}_n$$

C□⓬　アルケンを $KMnO_4$ 水溶液に通じると，アルケンが [ア] されて，MnO_4^- の [イ] 色が消失する。

C□⓭　アルケンにオゾン O_3 を反応させると $C=C$ 結合が切れてカルボニル化合物が生じる。この反応を何というか。

$$\begin{matrix} R_1 \\ R_2 \end{matrix} C=C \begin{matrix} R_3 \\ H \end{matrix} \xrightarrow{O_3} \begin{matrix} R_1 \\ R_2 \end{matrix} C=O + O=C \begin{matrix} R_3 \\ H \end{matrix}$$

❶二重

❷C_nH_{2n} ($n \geq 2$)

❸平面構造

❹付加反応

❺CH_3-CH_3(エタン)

❻CH_2Br-CH_2Br
（1,2-ジブロモエタン）

❼赤褐色から無色へ

❽不飽和結合の検出法

❾付加重合

❿$-\!\left[CH_2-CH_2\right]_{\overline{n}}$
（ポリエチレン）

⓫ポリ塩化ビニル

⓬ア：酸化
　イ：赤紫

⓭オゾン分解
（酸化的開裂）

● エチレン C_2H_4 のように，分子内に C=C 結合を 1 つ含む鎖式不飽和炭化水素をアルケンと呼ぶ。

● **エチレンの構造**

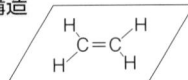

C=C 結合の 2 個の炭素原子とこれに直結する 4 個の水素原子は，同一平面上に並んでいる。また，C=C 結合はその結合軸で回転できない。C=C 間の距離は，C−C 間の距離よりも短い。

● **エチレンの水素付加**

$$H \atop H \!\!\!>\!\! C \!=\! C \!\!<\!\! {H \atop H} \; \xrightarrow{\quad} \; H-\!\!\overset{\displaystyle H}{\underset{\displaystyle H}{C}}\!\!-\!\!\overset{\displaystyle H}{\underset{\displaystyle H}{C}}\!\!-H$$
$$\underset{H-H}{}$$

● アルケンのシス-トランス異性体
　→ ✎86

● アルケンは工業的には石油ナフサ（粗製ガソリン）の熱分解によって得られる。実験室的には，アルコールの脱水反応によって得られる。

● オゾン分解によって生じた 2 つの化合物から，もとのアルケンの構造が決定できる。

アルキン

A□❶ アルキンは，炭素間 [　] 結合を1つ含む鎖式不飽和炭化水素である。

A□❷ アルキンの一般式を表せ。

A□❸ アセチレン C_2H_2 の構造はどのような形をしているか。

B□❹ アセチレンは，実験室では [ア] に水を加えると発生する。

$$[イ] + 2H_2O \longrightarrow Ca(OH)_2 + C_2H_2$$

B□❺ アセチレンに臭素を付加させると，[ア] を経て [イ] を生じる。

$$CH{\equiv}CH \xrightarrow{Br_2} [ウ] \xrightarrow{Br_2} [エ]$$

B□❻ アセチレンに塩化水素を付加させると [ア] を生じる。

$$CH{\equiv}CH + HCl \longrightarrow [イ]$$

B□❼ アセチレンに酢酸を付加させると [ア] を生じる。

$$CH{\equiv}CH + CH_3COOH \longrightarrow [イ]$$

A□❽ アセチレンに $HgSO_4$ を触媒として水を付加させると [ア] を経て [イ] を生じる。

$$CH{\equiv}CH + H_2O \xrightarrow{HgSO_4} [ウ] \longrightarrow [エ]$$

C□❾ アセチレンに，赤熱した鉄を触媒として高温で反応させると，3分子が重合して [ア] が生じる。

$$3C_2H_2 \longrightarrow [イ]$$

C□❿ アセチレンをアンモニア性硝酸銀水溶液に通じると，銀アセチリド $AgC{\equiv}CAg$ の [　] 色沈殿を生じる。

$$CH{\equiv}CH + 2[Ag(NH_3)_2]^+$$
$$\longrightarrow AgC{\equiv}CAg\downarrow + 2NH_4{}^+ + 2NH_3$$

解答

❶ 三重

❷ C_nH_{2n-2} $(n \geq 2)$

❸ 直線状構造

❹ ア：カーバイド
（炭化カルシウム）

イ：CaC_2

❺ ア：1,2-ジブロモエ
チレン

イ：1,1,2,2-テトラ
ブロモエタン

ウ：$CHBr=CHBr$

エ：$CHBr_2-CHBr_2$

❻ ア：塩化ビニル

イ：$CH_2=CHCl$

❼ ア：酢酸ビニル

イ：$CH_2=CHOCOCH_3$

❽ ア：ビニルアルコー
ル

イ：アセトアルデヒ
ド

ウ：$CH_2=CHOH$

エ：CH_3CHO

❾ ア：ベンゼン

イ：C_6H_6

❿ 白

解説

● アセチレン C_2H_2 のように，分子内に C≡C 結合を1つ含む鎖式不飽和炭化水素をアルキンという。

● **アセチレンの構造**

アセチレンの4個の原子は

$$H-C≡C-H$$

一直線上に並んでいる。C≡C 結合は C=C 結合より短い。

● アセチレンは無色・無臭の気体で炭素の割合が多いので，不完全燃焼してすすを生じる。

● アセチレンは酸素とともに完全燃焼させると高温の炎（酸素アセチレン炎）を生じるので，鉄の切断や溶接に用いられる。

● ❽ の中間生成物ビニルアルコール $CH_2=CHOH$ は不安定で，すぐにアセトアルデヒド CH_3CHO になる。

● ❽ は，かつてはアセトアルデヒドの主要な工業的製法であったが，水銀公害の問題が生じ，現在では使われていない。
アセトアルデヒドの工業的製法

➡ **📖 92**

● 銀アセチリドは，加熱や衝撃によって爆発しやすい。

90 ┃ アルコールの分類と性質

A☐**①** アルコールがもつ官能基を何というか。

B☐**②** 分子中に**①**を2個もつアルコールを何というか。

B☐**③** 分子中の炭素数が多いアルコールを何というか。

A☐**④** 右の化合物の名称と級数を答えよ。

$$CH_3-CH_2-CH_2-CH_2$$
$$\qquad\qquad\qquad\ |$$
$$\qquad\qquad\quad\ OH$$

A☐**⑤** 右の化合物の名称と級数を答えよ。

$$CH_3-CH_2-CH-CH_3$$
$$\qquad\qquad\quad\ |$$
$$\qquad\qquad\quad OH$$

A☐**⑥** 右の化合物の名称と級数を答えよ。

$$\qquad\qquad\ CH_3$$
$$\qquad\qquad\ |$$
$$CH_3-C-CH_3$$
$$\qquad\qquad\ |$$
$$\qquad\qquad\ OH$$

B☐**⑦** アルコールは同じくらいの分子量の炭化水素より沸点は[**ア**]く，第[**イ**]級<第[**ウ**]級<第[**エ**]級の順に，同じ級数のときは[**オ**]状<[**カ**]状の順になっている。

B☐**⑧** アルコールの水への溶解度は炭素数が[**ア**]ほど大きい。また，OH基が[**イ**]ほど大きい。

B☐**⑨** アルコール水溶液は何性を示すか。

C☐**⑩** 一酸化炭素と水素から触媒を使って得られるアルコールは何か。

$$CO + 2H_2 \longrightarrow [\quad]$$

A☐**⑪** グルコースに酵母菌を作用させて得られるアルコールは何か。

$$C_6H_{12}O_6 \longrightarrow 2[\quad] + 2CO_2$$

A☐**⑫** **⑪**の反応を何というか。

A☐**⑬** エチレンにリン酸を触媒として，高温・高圧下で水を付加すると得られるアルコールは何か。

$$CH_2=CH_2 + H_2O \longrightarrow [\quad]$$

❶ヒドロキシ基
❷ 2 価アルコール
❸高級アルコール
❹ 1 -ブタノール,
　第一級アルコール

❺ 2 -ブタノール,
　第二級アルコール

❻ 2 -メチル-2-プロパノール,
　第三級アルコール
❼ア：高　イ：三
　ウ：二　エ：一
　オ：分枝　カ：直鎖

❽ア：少ない
　イ：多い
❾中性
❿ CH_3OH(メタノール)

⓫ C_2H_5OH(エタノール)

⓬アルコール発酵
⓭ C_2H_5OH(エタノール)

● 2 価アルコール
　（エチレングリコール）　
$$\begin{array}{cc} CH_2 & -CH_2 \\ | & | \\ OH & OH \end{array}$$

● 3 価アルコール
　（グリセリン）　
$$\begin{array}{ccc} CH_2 & -CH & -CH_2 \\ | & | & | \\ OH & OH & OH \end{array}$$

● アルコールは同程度の分子量をもつ炭化水素に比べて,沸点および融点がかなり高い。これは,アルコールがヒドロキシ基をもち,水素結合しているからである。

● アルコールの沸点の違い
　級数が小さいほど,分子間に働く水素結合が形成されやすく,分子間力は大きくなる。また,直鎖状の方が,分枝状より極性が大きくなるので,分子間力は大きくなる。

● アルコールは炭素数が少ないもの（OH基1つにつきCが3つまで）は水によく溶けるが,炭素数が多くなると水に溶けにくくなる。

● アルコールのヒドロキシ基は水溶液中で電離しないので,水溶液は中性である。

● CO と H_2 の混合ガスを水性ガス（合成ガス）という。

第4章　有機化合物の性質と利用　191

A□① エタノールにナトリウムを加えると [ア] が生じ、気体として [イ] が発生する。

$$2C_2H_5OH + 2Na \longrightarrow 2[ウ] + [エ]$$

A□② エタノールに濃硫酸を加えて約130℃で熱すると [ア] を生じる。

$$C_2H_5 - OH + H O - C_2H_5 \longrightarrow [イ] + H_2O$$

A□③ エタノールに濃硫酸を加えて約170℃で熱すると [ア] を生じる。

$$\begin{array}{c} CH_2 - CH_2 \\ | \quad\quad | \\ H \quad\quad OH \end{array} \longrightarrow [イ] + H_2O$$

B□④ ②のように、2つの分子から水などの簡単な分子がとれて結合する反応を [ア] 反応、③のように分子内で水などの簡単な分子がとれる反応を [イ] 反応という。

A□⑤ メタノールを酸化剤で酸化すると [ア] を経て [イ] になる。

$$CH_3-OH \longrightarrow \begin{array}{c} H-C-H \\ \| \\ O \end{array} \longrightarrow \begin{array}{c} H-C-OH \\ \| \\ O \end{array}$$

A□⑥ エタノールを酸化剤で酸化すると [ア] を経て [イ] になる。

$$\begin{array}{c} CH_3-CH_2 \\ | \\ OH \end{array} \longrightarrow \begin{array}{c} CH_3-C-H \\ \| \\ O \end{array} \longrightarrow \begin{array}{c} CH_3-C-OH \\ \| \\ O \end{array}$$

A□⑦ 2-プロパノールを酸化剤で酸化すると [ ] になる。

$$\begin{array}{c} CH_3-CH-CH_3 \\ | \\ OH \end{array} \longrightarrow \begin{array}{c} CH_3-C-CH_3 \\ \| \\ O \end{array}$$

A□⑧ 2-メチル-2-プロパノールは第 [ ] 級アルコールなので、酸化剤で酸化されにくい。

$$\begin{array}{c} CH_3 \\ | \\ CH_3-C-CH_3 \\ | \\ OH \end{array}$$

解答

❶ ア：ナトリウムエト
キシド

イ：水素

ウ：C_2H_5-ONa

エ：H_2

❷ ア：ジエチルエーテ
ル

イ：$C_2H_5-O-C_2H_5$

❸ ア：エチレン

イ：$CH_2=CH_2$

❹ ア：縮合（しゅくごう）

イ：脱離（だつり）

❺ ア：ホルムアルデヒ
ド

イ：ギ酸

❻ ア：アセトアルデヒ
ド

イ：酢酸（さくさん）

❼ アセトン

❽ 三

解説

● アルコールにナトリウムを加える
と，水素が発生して，ナトリウム
アルコキシドが生じる。

$$2ROH + 2Na \longrightarrow 2RONa + H_2$$

● エタノールの脱水反応は，低温で
はジエチルエーテルが生じ，高温
ではエチレンが生じる。

● ❷ の反応のように，分子間から
H_2O のような簡単な分子がとれ，
結合する反応を縮合反応という。

● ❸ の反応のように，1つの分子
から H_2O のような簡単な分子が
とれる反応を脱離反応という。

● 第一級アルコールは酸化剤を用い
て酸化するとアルデヒド，さらに
強く酸化するとカルボン酸になる。

● 第二級アルコールは酸化されると
ケトンになる。

● 第三級アルコールは酸化されにく
い。

● 酸化反応とは，O を受け取る，H，
e^- を失う反応である。

● ❻ の e^- を含む反応式

C_2H_5OH
$\longrightarrow CH_3CHO + 2H^+ + 2e^-$

$CH_3CHO + H_2O$
$\longrightarrow CH_3COOH + 2H^+ + 2e^-$

A☐❶ アルデヒドには [ ] 性がある。

A☐❷ アルデヒドの検出法の1つで，アンモニア性硝酸銀を加えて加熱する反応を何というか。

B☐❸ ❷で見られるようすを答えよ。

A☐❹ アルデヒドの検出法の1つで，フェーリング液を加えて加熱すると [ア] の [イ] 色沈殿が生じる。

C☐❺ フェーリング液は，[ ] 水溶液と水酸化ナトリウムと酒石酸ナトリウムカリウムの混合溶液である。

A☐❻ ヨードホルム反応で検出できる化合物はどのような構造をもっているか。

B☐❼ ヨードホルム反応で用いる試薬を2つ答えよ。

A☐❽ ヨードホルム反応で生じる沈殿物の色と化学式を答えよ。

C☐❾ ホルムアルデヒドは，銅や白金の触媒を用いて [ア] を酸化すると得られる。

$$2[イ] + O_2 \longrightarrow 2HCHO + 2H_2O$$

C☐❿ ホルムアルデヒドの37%水溶液を何というか。

A☐⓫ アセトアルデヒドは，工業的には $PdCl_2$ を触媒に用いて [ア] を酸化して得られる。

$$2[イ] + O_2 \longrightarrow 2CH_3CHO$$

B☐⓬ アセトンは，[ア] を乾留すると得られる。

$$[イ] \longrightarrow CH_3COCH_3 + [ウ]$$

A☐⓭ アセトンは，工業的には [ ] 製造の副生成物として得られる。

A☐⓮ ⓭の製法を何というか。

B☐⓯ アセトンは，工業的には $PdCl_2$ を触媒に用いて [ア] を酸化して得られる。

$$2[イ] + O_2 \longrightarrow 2CH_3COCH_3$$

解　答

❶還元
❷銀鏡反応（ぎんきょう）

❸壁面に銀が析出する（へきめん）（せきしゅつ）
❹ア：酸化銅（Ⅰ）
　　　（Cu_2O）

　イ：赤
❺硫酸銅（Ⅱ）
❻ $CH_3-\underset{\underset{O}{\|}}{C}-R$

　 $CH_3-\underset{\underset{OH}{|}}{CH}-R$

❼ I_2 と $NaOH$
❽黄色，CHI_3
❾ア：メタノール
　イ：CH_3OH
❿ホルマリン
⓫ア：エチレン
　イ：$CH_2=CH_2$

⓬ア：酢酸カルシウム（さくさん）
　イ：$(CH_3COO)_2Ca$
　ウ：$CaCO_3$
⓭フェノール
⓮クメン法
⓯ア：プロペン
　イ：$CH_2=CH-CH_3$

解　説

● 炭素原子と酸素原子間に二重結合のある原子団 $\diagdown C=O$ をカルボニル基という。

● カルボニル基をもつ化合物をカルボニル化合物という。

● カルボニル基に水素原子が1個結合した原子団 $-\underset{\underset{O}{\|}}{C}-H$ をホルミル基という。ホルミル基をもつ化合物をアルデヒドといい，一般式は RCHO で表される。

● カルボニル基に2個の炭化水素基などが結合した構造をケトンといい，一般式は RCOR′ で表される。

● 酒石酸ナトリウムカリウム
　　$HO-\underset{|}{CH}-COONa$
　　$HO-CH-COOK$

● 分子量の小さいアルデヒドは水に溶けやすい。

● ホルムアルデヒド HCHO の 37% 水溶液はホルマリンと呼ばれ，消毒剤，防腐剤（ぼうふざい），合成樹脂（じゅし）の原料などに用いられている。

● アセトン： $CH_3-\underset{\underset{O}{\|}}{C}-CH_3$

テーマ 93 | カルボン酸(1)

A☐❶ カルボン酸のもつ官能基を何というか。

A☐❷ カルボン酸の一般式を答えよ。

B☐❸ 鎖状の炭化水素基に❶が1つ結合したもの(モノカルボン酸)を何というか。

B☐❹ カルボン酸の沸点や融点は,同程度の分子量をもつアルコールより[　]い。

A☐❺ カルボン酸の水溶液は弱酸性なので,水酸化ナトリウムと[　]反応が起こる。

$$RCOOH + NaOH \longrightarrow RCOONa + H_2O$$

A☐❻ カルボン酸は炭酸より強い酸なので,炭酸水素ナトリウムと反応して[ア]を発生する。

$$RCOOH + NaHCO_3 \longrightarrow RCOONa + H_2O + [イ]$$

A☐❼ カルボン酸の塩からカルボン酸を得るには何を加えればよいか。

$$RCOONa + [ア] \longrightarrow RCOOH + NaCl$$

A☐❽ ギ酸はカルボキシ基ともう1つ官能基をもっている。その官能基は何か。

$$H-\overset{\overset{\displaystyle O}{\|}}{C}-OH$$

A☐❾ ギ酸は❽の官能基をもっているので,[　]性を示す。

B☐❿ ギ酸の検出法として適切な方法を答えよ。

B☐⓫ 酢酸の融点は17℃なので,純度の高いものは冬期に凝固するため[　]と呼ばれる。

B☐⓬ 酢酸2分子から水1分子が取れて縮合し,生じた化合物は何か。

B☐⓭ ⓬のように2個のカルボキシ基から水分子がとれてできる化合物を何というか。

解答

❶カルボキシ基

❷RCOOH
❸脂肪酸

❹高

❺中和

❻ア：二酸化炭素
　イ：CO₂

❼塩酸や希硫酸などの
　強酸
　ア：HCl
❽ホルミル基

❾還元
❿銀鏡反応，フェーリ
　ング液の還元
⓫氷酢酸
⓬無水酢酸

$$CH_3-\overset{\displaystyle O}{\underset{\displaystyle }{C}}\diagdown_{O}$$
$$CH_3-\overset{\displaystyle O}{\underset{\displaystyle }{C}}\diagup^{O}$$

⓭酸無水物

解説

● ギ酸 HCOOH や酢酸 CH₃COOH
のようにカルボキシ基−COOH
をもつ化合物をカルボン酸といい，
一般式は RCOOH で表される。

● 脂肪族炭化水素基にカルボキシ基
1個が結合した構造のカルボン酸
は（ギ酸も含めて）脂肪酸と呼ば
れる。

● 化合物（分子量）の沸点の比較
CH₃COOH（60）：118℃
HCOOH（46） ：101℃
C₂H₅OH（46） ：78℃
CH₃CHO（44） ：20℃

● 分子量が大きく水に溶けにくいカ
ルボン酸も，塩基の水溶液を加え
ると塩をつくるのでよく溶けるよ
うになる。

● NaHCO₃ を加えて CO₂ が発生す
る反応はカルボキシ基の検出法と
して用いられている（弱酸遊離）。

● カルボン酸は，有機溶媒中では分
子間で水素結合を形成し，2分子
が会合した二量体となり，極性を
打ち消している。

$$R-C\overset{\delta+\;\;\overset{\delta-}{O}\cdots\overset{\delta+}{H}-O\;\;\delta-}{\underset{\delta-\;\;O-H\cdots O\;\;\delta-}{}}C-R$$
↑水素結合

第4章　有機化合物の性質と利用　197

A☐❶ HOOCCH=CHCOOH にはシス-トランス異性体がある。化合物名は[a]と[b]である。

$$HOOC\diagdown C=C \diagup H \qquad HOOC \diagdown C=C \diagup COOH$$
$$H \diagup \qquad \diagdown COOH \qquad H \diagup \qquad \diagdown H$$

　　　　　a　　　　　　　　　　　b

A☐❷ 加熱すると脱水するのは❶のaとbのどちらか。

A☐❸ ❷で生じた化合物名を答えよ。

B☐❹ ❶と❸の化合物の分子式を答えよ。

C☐❺ ❶のaは[ア]でのみ水素結合しているため,融点は高くなる。❶のbは[イ]でも水素結合しているので,[ア]の水素結合は少なくなり融点は低くなる。

A☐❻ 乳酸のようにカルボキシ基とヒドロキシ基の両方をもつ化合物を何というか。

$$CH_3$$
$$H-C-COOH$$
$$OH$$

A☐❼ 乳酸の中心にある炭素原子のように,互いに違う4つの原子や原子団が結合している炭素原子を何というか。

B☐❽ ❼が存在すると重ね合わせることができない2つの構造が存在する。この2つの互いの関係を何というか。

$$COOH \qquad COOH$$
$$H \cdots C \cdots OH \qquad HO \cdots C \cdots H$$
$$CH_3 \qquad CH_3$$

B☐❾ ❽のような構造をもつ異性体を何というか。

B☐❿ ❾は,物理的性質や化学的性質はほとんど同じであるが,[ア]と[イ]の性質が異なる。

❶ a：フマル酸

　 b：マレイン酸

● ジカルボン酸の覚え方

トランス形	フマル酸
トラに	踏まれて
マレイン酸	シス形
まれに	死す

❷ b

❸無水マレイン酸

● シス形のマレイン酸を約160℃で加熱すると，分子内で脱水が起こり，無水マレイン酸と呼ばれる酸無水物が得られる。

❹❶：$C_4H_4O_4$

　❸：$C_4H_2O_3$

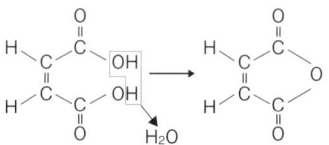

❺ア：分子間

　イ：分子内

❻ヒドロキシ酸

● 鏡像異性体は密度，融点，沸点などは同じだが，旋光性（光学異性体の水溶液が平面偏光の光を曲げる性質，回転した角度が旋光度 θ）が異なり生理作用（味やにおい，薬理作用）も異なる場合が多い。

❼不斉炭素原子

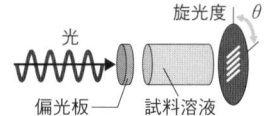

旋光度 θ

光

偏光板　　試料溶液

❽鏡像

● 鏡像異性体は D- と L- あるいは，d- と l- などの記号で区別される。

❾鏡像異性体

❿ア：生理作用

　イ：旋光性

（アとイは順不同）

● 鏡像異性体の等量混合物をラセミ体といい，偏光面は互いに打ち消し合い，回転しない。

 **エステル**

A□❶ ［ア］と［イ］から H_2O がとれて生じた化合物を
エステルという。

$$R-\underset{O}{\overset{\parallel}{C}}-\boxed{OH + H}-O-R' \longrightarrow R-\underset{O}{\overset{\parallel}{C}}-O-R'+H_2O$$
　　　 ［ア］　 ［イ］

A□❷ エステルを生成する反応を何というか。

B□❸ エステルは水に溶け［ア］，有機溶媒に溶け［イ］。

B□❹ エステルはどのようなにおいがするか。

A□❺ 酢酸(さくさん)とエタノールから生じるエステルの化合物名
を答えよ。

$$CH_3COOH + C_2H_5OH \longrightarrow CH_3COOC_2H_5 + H_2O$$

A□❻ ❺の反応をする際，必要な試薬(しやく)と操作を答えよ。

A□❼ エステルに希硫酸などを加えて加熱すると❶の
反応が逆に進む。この反応を何というか。

A□❽ エステルに，NaOH のような強い塩基の水溶液
を加えて加熱し，分解(えんき)する反応を何というか。

A□❾ $CH_3COOC_2H_5$ に❽を行うと生じる物質は何か。

$$CH_3COOC_2H_5 + NaOH \longrightarrow ［ア］ + ［イ］$$

C□❿ ジカルボン酸と2価のアルコールから次々と水
がとれてできる高分子(こうぶんし)化合物を何というか。

B□⓫ ❿のような重合(じゅうごう)方法を何というか。

B□⓬ ❿の代表例として，テレフタル酸とエチレング
リコールから得られる高分子化合物を何というか。

$$\left[\!\!\left[O-(CH_2)_2-O-CO-\!\!\bigcirc\!\!-CO\right]\!\!\right]_n$$

C□⓭ アルコールに混酸（濃硝酸と濃硫酸の混合物）を
反応させると，［　］が生じる。

$$R-O\boxed{-H + HO}-NO_2 \longrightarrow R-ONO_2 + H_2O$$

C□⓮ アルコールに濃硫酸を反応させると，［　］が生
じる。 $R-O\boxed{-H + HO}-SO_3H \longrightarrow R-OSO_3H + H_2O$

❶ア：カルボン酸
　イ：アルコール

● カルボン酸とアルコールが縮合するとエステル結合−COO−をもつ化合物が生成する。この化合物をエステルといい，エステルを生成する反応をエステル化という。

❷エステル化
❸ア：にくく
　イ：やすい
❹果実のような芳香（ほうこう）
❺酢酸エチル

● エステル化は濃硫酸を触媒とした脱水縮合反応である。

● エステルは水に溶けにくく，有機溶媒に溶けやすい。酢酸エチルのような低分子量（ていぶんし）のエステルは沸点（ふってん）が低く揮発性の液体で，果実のような芳香をもつ。
モモ➡ギ酸エチル
　　　HCOOCH₂CH₃
リンゴ➡酪酸（らくさん）メチル
　　　CH₃CH₂CH₂COOCH₃

❻濃硫酸を加えて加熱する
❼加水分解（かすい）
❽けん化

❾ア：CH₃COONa
　イ：C₂H₅OH
　（アとイは順不同）
❿ポリエステル
⓫縮合重合（しゅくごう）
⓬ポリエチレンテレフタラート（PET）

● ジカルボン酸
　HOOC−R−COOH

● エチレングリコール
　HO−CH₂−CH₂−OH

● テレフタル酸
　HOOC−〈ベンゼン環〉−COOH

⓭硝酸エステル

⓮硫酸エステル

● ニトログリセリン（硝酸エステル）
　CH₂−ONO₂
　｜
　CH−ONO₂
　｜
　CH₂−ONO₂

A☐❶　動植物の体内に存在する油は油脂と呼ばれ，[ア] と [イ] のエステルである。

A☐❷　油脂1分子中にエステル結合はいくつあるか。

B☐❸　油脂は，常温で固体のものを [ア] といい，液体のものを [イ] という。

B☐❹　脂肪酸 $C_{15}H_{31}COOH$ の名称と炭素－炭素間二重結合（C＝C）の数を答えよ。

B☐❺　脂肪酸 $C_{17}H_{35}COOH$ の名称と C＝C の数を答えよ。

B☐❻　脂肪酸 $C_{17}H_{33}COOH$ の名称と C＝C の数を答えよ。

B☐❼　脂肪酸 $C_{17}H_{31}COOH$ の名称と C＝C の数を答えよ。

B☐❽　脂肪酸 $C_{17}H_{29}COOH$ の名称と C＝C の数を答えよ。

B☐❾　C＝C を多く含む油脂は常温でどのような状態か。

B☐❿　❾のような油脂に水素を付加させると固体になる。この油脂を何というか。

C☐⓫　不飽和脂肪酸を多く含んでいる油脂は，空気中の酸素で酸化されて固化しやすい。このような油脂を何というか。

C☐⓬　飽和脂肪酸を多く含み，固化しない油脂は何か。

C☐⓭　⓫と⓬の中間の固化しにくい油脂を何というか。

A☐⓮　油脂の分子量を調べるには塩基（KOH など）を反応させる。この反応を何というか。

A☐⓯　⓮で反応する油脂：KOH の物質量比を答えよ。

A☐⓰　油脂の不飽和結合の数は，油脂へヨウ素 I_2 が[　] 反応した量で調べられる。

解 答

❶ア：高級脂肪酸

　イ：グリセリン

　（アとイは順不同）

❷ 3つ

❸ア：脂肪（し ぼう）

　イ：脂肪油（ゆ）

❹パルミチン酸，0

❺ステアリン酸，0

❻オレイン酸，1

❼リノール酸，2

❽リノレン酸，3

❾液体

❿硬化油（こう か ゆ）

　（マーガリンの原料）

⓫乾性油（かんせい ゆ）

⓬不乾性油

⓭半乾性油

⓮けん化

⓯ 1 : 3

⓰付加

解 説

● 油脂はグリセリン1分子と脂肪
酸3分子が縮合したエステルで，
トリグリセリドともいう。

$$CH_2-OCO-R_1$$
$$|$$
$$CH-OCO-R_2$$
$$|$$
$$CH_2-OCO-R_3$$

● 天然の油脂を構成する脂肪酸には
炭素数 16 と 18 の高級脂肪酸が
最も多い。

● 脂肪酸の覚え方

$C_{15}H_{31}COOH$　パルミチン酸

$C_{17}H_{35}COOH$　ステアリン酸

$C_{17}H_{33}COOH$　オレイン酸

$C_{17}H_{31}COOH$　リノール酸

$C_{17}H_{29}COOH$　リノレン酸

化合物名の下線部分を「パス降り
れん」と覚え，炭化水素部分を順
番に覚える。

● 分子量の覚え方

$C_{17}H_{35}COOH$　284

$(C_{17}H_{35}COO)_3 C_3H_5$　890

「庭師，パクれ」と覚える。

● 天然の油脂の不飽和結合はほとん
どがシス形の二重結合である。

● 動物性の油脂は固体で，植物性の
油脂は液体のものが多い。

セッケン

A□❶ セッケンは油脂を [　] すると得られる。

A□❷ 次の図は，セッケンの一種であるステアリン酸ナトリウムを表している。aの炭化水素基は ¦親水・疎水¦ 性である。

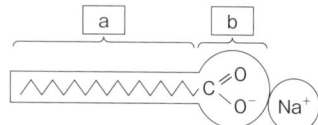

A□❸ 図のbのカルボン酸イオンは ¦親水・疎水¦ 性である。

B□❹ セッケンの水溶液は何性か。

B□❺ セッケンが水に溶けたとき，a側を内側にして集合したコロイド粒子を何というか。

C□❻ セッケンの水溶液は繊維などの固体表面をぬれやすくする。このような作用を示す物質を何というか。

C□❼ セッケンが油汚れに出会うと，セッケンの疎水基側が油をとり囲み，水と混じり合うようになる。このような作用を [**ア**] 作用といい，得られる水溶液を [**イ**] という。

C□❽ Ca^{2+} や Mg^{2+} を多く含む水を何というか。

C□❾ セッケンは❽中では洗浄力が低下するのはなぜか。

B□❿ ❽中でも使える，$-SO_3Na$ をもつ洗剤を何というか。

$C_{12}H_{25}-OSO_3Na$ （硫酸ドデシルナトリウム）

C_nH_{2n+1}—⬡—SO_3Na （アルキルベンゼンスルホン酸ナトリウム）

B□⓫ ❿の水溶液は何性を示すか。

204

❶けん化
❷疎水

●油脂に NaOH などの塩基を加えて加熱するとけん化が起こり，グリセリンと高級脂肪酸塩（せっけん）が生じる。

●セッケンは疎水性の炭化水素基と親水性のカルボン酸イオンからできている。

❸親水

❹弱塩基性
❺ミセル

●セッケンを水に溶かすと，弱塩基性を示す。セッケンは弱酸と強塩基からなる塩で，この塩が加水分解されるからである。

$$RCOO^- + H_2O$$
$$\rightleftharpoons RCOOH + OH^-$$

❻界面活性剤

●セッケンは羊毛や絹などアルカリに弱い動物性繊維の洗濯には使えない。

❼ア：乳化
　イ：乳濁液

●水の表面張力は非常に大きいので，繊維と汚れのすき間にしみこみにくい。セッケンには，この表面張力を減少させる働きがある（界面活性剤）。

❽硬水
❾セッケンが Ca^{2+} や Mg^{2+} と水に溶けにくい塩をつくるため。
❿合成洗剤（中性洗剤）

●❾：$2RCOO^- + Ca^{2+}$
　　　$\longrightarrow (RCOO)_2Ca \downarrow$

●❿　$R-OSO_3Na$：硫酸エステルの塩
　　　$R-SO_3Na$：スルホン酸の塩

⓫中性

A☑❶ ベンゼンの分子式を答えよ。

A☑❷ ベンゼンを簡略化した構造式で示せ。

B☑❸ ベンゼンのすべての原子は［ア］上にあり，6個の炭素原子は［イ］の頂点に位置している。

B☑❹ ベンゼンの炭素原子間の結合距離は［ア］結合と［イ］結合の中間である。

B☑❺ ベンゼンに見られる炭素骨格を何というか。

B☑❻ ❺をもつ炭化水素を何というか。

C☑❼ ベンゼンは分子中の炭素原子の含有率が大きいので，多量の［　　］を出しながら燃える。

B☑❽ ベンゼン環に2個の置換基が結合している化合物（二置換体）には，何種類の構造異性体が存在するか。

C☑❾ ベンゼンに同じ置換基が3個結合した場合，何種類の構造異性体があるか。

A☑❿ CH₃ の化合物名を答えよ。

A☑⓫ CH₂–CH₃ の化合物名を答えよ。

A☑⓬ CH₃ CH₃ の化合物名を答えよ。

A☑⓭ CH=CH₂ の化合物名を答えよ。

A☑⓮ の化合物名を答えよ。

C☑⓯ の化合物名を答えよ。

解 答

❶ C₆H₆

❷

❸ ア：同一平面
　イ：正六角形

❹ ア：C−C
　イ：C＝C
　（アとイは順不同）

❺ ベンゼン環

❻ 芳香族炭化水素

❼ すす

❽ 3 種類

❾ 3 種類

❿ トルエン

⓫ エチルベンゼン

⓬ *o*-キシレン

⓭ スチレン

⓮ ナフタレン

⓯ アントラセン

解 説

● ベンゼンは正六角形の平面構造をしている。ベンゼンに見られる炭素骨格をベンゼン環という。

● ベンゼン環の炭素原子間の結合は，単結合と二重結合の中間の状態とみなされる結合である。

● ベンゼンの構造式

$$H-\overset{H}{\underset{}{C}}\overset{}{\underset{}{\cdots}}\overset{H}{\underset{}{C}}-H$$

● ベンゼンは特有のにおいをもつ無色透明の液体で（沸点 80℃，融点 5.5℃）水にほとんど溶けない。発がん性が高く，有毒である。

● キシレンの異性体…❽ の構造式

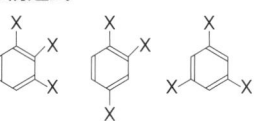

o-（オルト）　*m*-（メタ）　*p*-（パラ）

● ❾ の構造式

（X置換基の構造式）

● ナフタレン C₁₀H₈ は昇華性があり，防虫剤に用いられている。

A□❶　ベンゼン環は不飽和結合をもつが，特定の位置に固定されないので，[ア] 反応は起こりにくく，[イ] 反応が起こりやすい。

A□❷　ベンゼンに鉄を触媒として塩素を反応させると生じる化合物は何か。

A□❸　❷の反応を何化というか。

A□❹　ベンゼンに濃硝酸と濃硫酸を加えて加熱すると生じる化合物は何か。

A□❺　❹の反応を何化というか。

A□❻　ベンゼンに濃硫酸を加えて加熱すると生じる化合物は何か。

A□❼　❻の反応を何化というか。

B□❽　ベンゼンに水素を加えて，ニッケルなどを触媒として高圧にして反応させると生じる化合物は何か。

B□❾　ベンゼンに光（紫外線）を当てながら塩素 Cl_2 を作用させると生じる化合物は何か。

B□❿　❷，❹，❻，❽，❾の反応を，置換反応と付加反応に分類せよ。

B□⓫　トルエンを $KMnO_4$ で酸化すると生じる化合物は何か。

B□⓬　o-キシレンを $KMnO_4$ で酸化すると生じる化合物は何か。

C□⓭　ベンゼンを触媒 V_2O_5 を用いて高温で酸化すると生じる化合物は何か。

C□⓮　ナフタレンを触媒 V_2O_5 を用いて高温で酸化すると生じる化合物は何か。

C□⓯　ベンゼンと塩素 Cl_2 の反応について，置換反応，付加反応における反応条件の違いについて書け。

解 答	解 説

解 答

❶ ア：付加

　イ：置換

❷ クロロベンゼン

❸ 塩素化（クロロ化）
❹ ニトロベンゼン

❺ ニトロ化
❻ ベンゼンスルホン酸

❼ スルホン化
❽ シクロヘキサン

❾ 1,2,3,4,5,6-ヘキサクロロシクロヘキサン

❿ 置換反応：❷, ❹, ❻
　付加反応：❽, ❾
⓫ 安息香酸
⓬ フタル酸

⓭ 無水マレイン酸
⓮ 無水フタル酸
⓯ 置換反応は鉄を触媒に用いるが，付加反応は光を当てると起こる。

解 説

● 塩素化（Fe）
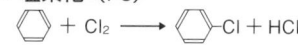
$\bigcirc$ + Cl_2 ⟶ $\bigcirc$-Cl + HCl

● ニトロ化（濃硫酸）

$\bigcirc$ + HNO_3 ⟶ $\bigcirc$-NO_2 + H_2O

● スルホン化（濃硫酸）
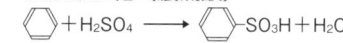
$\bigcirc$ + H_2SO_4 ⟶ $\bigcirc$-SO_3H + H_2O

● 水素付加（Ni）
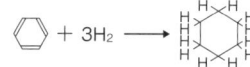
$\bigcirc$ + $3H_2$ ⟶

● 塩素付加（光）
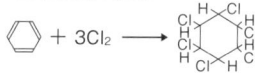
$\bigcirc$ + $3Cl_2$ ⟶

● トルエンの KMnO₄ 酸化

$\bigcirc$-CH_3 ⟶ $\bigcirc$-COOH

● o-キシレンの KMnO₄ 酸化

$\bigcirc\!\!\!\begin{array}{l}CH_3\\CH_3\end{array}$ ⟶ $\bigcirc\!\!\!\begin{array}{l}COOH\\COOH\end{array}$

● ベンゼンの空気酸化（V₂O₅）
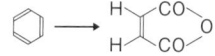

● ナフタレンの空気酸化（V₂O₅）
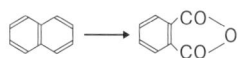

● ベンゼンの付加反応が起こるとき，すべての不飽和結合が切断される。

A□❶ フェノールはベンゼン環の水素原子が何基に置換された化合物か。

A□❷ フェノールの水溶液は何性を示すか。

A□❸ フェノールに水酸化ナトリウムを加えると［ア］を生じる。

$$\text{〈}\text{〉}-OH + NaOH \longrightarrow [\text{イ}] + H_2O$$

A□❹ ナトリウムフェノキシドの水溶液に二酸化炭素を通じると［ア］を生じる。

$$\text{〈}\text{〉}-ONa + H_2O + CO_2 \longrightarrow [\text{イ}] + NaHCO_3$$

A□❺ フェノールは Na と反応し気体の［ア］を生じる。

$$2\text{〈}\text{〉}-OH + 2Na \longrightarrow 2[\text{イ}] + [\text{ウ}]$$

B□❻ （OH／CH₃ の化合物）の化合物の名称を答えよ。

C□❼ ア：（OH の化合物） イ：（OH の化合物） の化合物の名称を答えよ。

A□❽ フェノール類に［　］の水溶液を加えると紫系統の色を示すので，検出法に使われている。

B□❾ フェノールに臭素を加えると沈殿が生じる。この沈殿の化合物の名称を答えよ。

B□❿ ❾の沈殿は何色か。

B□⓫ フェノールに濃硝酸と濃硫酸を加えて加熱すると最終的に生じる化合物の名称を答えよ。

C□⓬ ⓫の化合物の色は何色か。

B□⓭ ❾と⓫の反応は何反応か。

解答

❶ヒドロキシ基

❷弱酸性

❸ア：ナトリウムフェ
　　ノキシド

　イ：⟨benzene⟩-ONa

❹ア：フェノール

　イ：⟨benzene⟩-OH

❺ア：水素

　イ：⟨benzene⟩-ONa

　ウ：H₂

❻ o-クレゾール

❼ア：1-ナフトール

　イ：2-ナフトール

❽塩化鉄(Ⅲ)(FeCl₃)

❾ 2,4,6-トリブロモフ
　ェノール

❿白色

⓫ 2,4,6-トリニトロフ
　ェノール
　（ピクリン酸）

⓬黄色

⓭置換反応

解説

● フェノールはフェノール樹脂，染料，医薬品などの原料として用いられるほか，消毒，殺菌剤などにも用いられる。

● フェノール類は水にはあまり溶けないが，水溶液中で一部が電離して弱酸性を示す。

● 酸の強さ
　HCl, $H_2SO_4 > RSO_3H >$
　$RCOOH > H_2CO_3 > C_6H_5OH$

● 中和して生じた塩（フェノキシド）は水に溶ける。

● ⟨benzene⟩-CH₂-OH（ベンジルアルコール）は-OH基がベンゼン環に直接結合しないため，FeCl₃水溶液で呈色しない。中性を示す。

● フェノールはオルトやパラの位置で置換反応が起こりやすい。

● 2,4,6-
　トリブロモ
　フェノール

● 2,4,6-
　トリニトロ
　フェノール

（以前は火薬として使われていた）

フェノールの製法

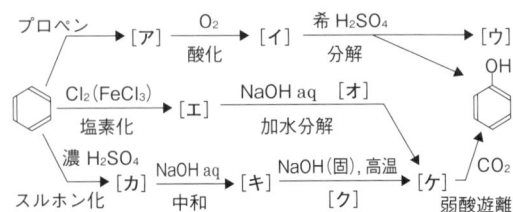

A☐**❶**　ベンゼンにプロペンを反応させてできる［**ア**］の名称と構造式を答えよ。

A☐**❷**　［**ア**］の酸化によって生じる［**イ**］の名称と構造式を答えよ。

A☐**❸**　［**イ**］を希硫酸で分解するとフェノールとともに得られる［**ウ**］の名称と構造式を答えよ。

A☐**❹**　［**ア**］，［**イ**］を経てフェノールを合成する方法を何というか。

B☐**❺**　ベンゼンの塩素化によって生じる［**エ**］の名称と構造式を答えよ。

C☐**❻**　［**オ**］はどのような条件で反応させているか。

B☐**❼**　ベンゼンのスルホン化によって生じる［**カ**］の名称と構造式を答えよ。

C☐**❽**　［**カ**］の中和によって生じる［**キ**］の名称と構造式を答えよ。

B☐**❾**　［**ク**］の反応は何と呼ばれているか。

B☐**❿**　［**ケ**］の名称と構造式を答えよ。

解 答

❶ クメン

CH₃
CH
CH₃

❷ クメンヒドロペルオ
キシド
CH₃
C—O—OH
CH₃

❸ アセトン
O
CH₃—C—CH₃

❹ クメン法

❺ クロロベンゼン Cl

❻ 高温高圧
❼ ベンゼンスル SO₃H
ホン酸

❽ ベンゼンス SO₃Na
ルホン酸ナ
トリウム

❾ アルカリ融解
❿ ナトリウムフ ONa
ェノキシド

解 説

● **❶** ➡ **❷** ➡ **❸** の経路のフェノー
ルの合成法をクメン法という。

● 工業的には，大部分がクメン法で
合成されている。

● クメン法は，アセトンの工業的製
法でもある。

● クメンヒドロペルオキシドのペル
は per（過）という意味で，分子
中に−O−O− 結合をもつ化合物
を過酸化物（peroxide）という。

● クロロベンゼンの沸点は比較的低
い（132℃）ので，NaOH aq を
反応させるときは，高温（300
℃），高圧（200 気圧）にして液
体で反応させている。

● アルカリ融解では，ベンゼンスル
ホン酸ナトリウムに NaOH（固）
を加え，290℃ ～340℃ で加熱し
ている。NaOH の融点は 318℃。

● ナトリウムフェノキシドに二酸化
炭素を反応させるとフェノールが
生成する。 ➡

● フェノールは，塩化ベンゼンジア
ゾニウムの加水分解でも得られる。
➡ 104

A☐❶ 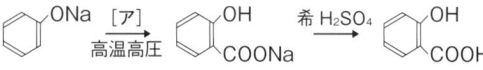COOH の化合物の名称を答えよ。

A☐❷ COOH の化合物の名称を答えよ。
COOH

A☐❸ ❷を加熱すると生じる化合物の名称を答えよ。

COOH ⟶ CO O + H₂O
COOH   CO

A☐❹ OH の化合物の名称を答えよ。
COOH

B☐❺ ナトリウムフェノキシドに［ア］を高温高圧で反応させると［イ］が生じ，これに希硫酸を作用させると［ウ］が生じる。

ONa ──[ア]──→ OH ──希 H₂SO₄──→ OH
    高温高圧   COONa   COOH

A☐❻ サリチル酸にメタノールと濃硫酸を加えて加熱すると生じる化合物の名称を答えよ。

OH + CH₃O|H ⟶ OH + H₂O
COOH   COOCH₃

B☐❼ この反応を何というか。

B☐❽ ❻の物質は薬品としてどんな作用があるか。

A☐❾ サリチル酸に無水酢酸を作用させると生じる化合物の名称を答えよ。

OH   COCH₃   OCOCH₃
   +O   ⟶   + CH₃COOH
COOH   COCH₃   COOH

B☐❿ 有機化合物に CH₃CO－を導入する反応は何か。

B☐⓫ ❾の物質は薬品としてどんな作用があるか。

A☐⓬ サリチル酸，サリチル酸メチル，アセチルサリチル酸のうち，塩化鉄(Ⅲ)水溶液で呈色する化合物の名称を答えよ。

解　答

❶安息香酸
<small>あんそくこうさん</small>

❷フタル酸

❸無水フタル酸

❹サリチル酸

❺ア：二酸化炭素
　　（CO_2）
　イ：サリチル酸ナト
　　リウム
　ウ：サリチル酸

❻サリチル酸メチル

❼エステル化
❽消炎鎮痛剤
<small>しょうえんちんつうざい</small>

❾アセチルサリチル酸

❿アセチル化
⓫解熱鎮痛剤
<small>げねつちんつうざい</small>

⓬サリチル酸，サリチ
ル酸メチル

解　説

● ベンゼン環の水素原子をカルボキ
シ基−COOH で置換した化合物
を芳香族カルボン酸という。

● 安息香酸の名称は，植物の樹液か
ら安息香（香料）の成分として得
られたことに由来する。

● 安息香酸はトルエンの酸化によっ
て得られる。➡ <small>☞</small> 99

● フタル酸は o-キシレンの酸化に
よって得られる。➡ <small>☞</small> 99

● サリチル酸は白色針状結晶で水に
少し溶ける。融点 159℃，昇華性。

● サリチル酸メチルは強い芳香をも
つ無色の液体（融点−8℃）。

● アセチルサリチル酸は白色の結晶
（融点 135℃）。

● アセチルサリチル酸はアスピリン
ともいい，神経系に痛みを伝える
プロスタグランジンの合成に関す
る酵素の作用を阻害して鎮痛作用
を示す。

● ヒドロキシ基−OH やアミノ基
−NH_2 が無水酢酸と反応して，
アセチル基 CH_3CO- が導入され
るエステル化を，とくにアセチル
化という。

A☐❶ アニリンはベンゼン環（かん）に−NH₂ がついた 化合物である。この官能基の名称を答えよ。

B☐❷ アニリンがもつ官能基の化合物群を何というか。

A☐❸ アニリンは水にわずかに溶ける。その水溶液は何 性を示すか。

$$\text{C}_6\text{H}_5\text{NH}_2 + \text{H}_2\text{O} \rightleftharpoons \text{C}_6\text{H}_5\text{NH}_3{}^+ + \text{OH}^-$$

A☐❹ アニリンに塩酸を加えると生じる化合物の名称を 答えよ。

$$\text{C}_6\text{H}_5\text{NH}_2 + \text{HCl} \longrightarrow \text{C}_6\text{H}_5\text{NH}_3\text{Cl}$$

B☐❺ ❹の物質に［ア］水溶液を加えるとアニリンが得 られる。

$$\text{C}_6\text{H}_5\text{NH}_3\text{Cl} + ［イ］ \longrightarrow \text{C}_6\text{H}_5\text{NH}_2 + \text{H}_2\text{O} + \text{NaCl}$$

B☐❻ アニリンはニトロベンゼンを塩酸とスズ Sn また は鉄 Fe を作用させて［　］し，さらに水酸化ナト リウム水溶液を加えると得られる。

$$\text{C}_6\text{H}_5\text{NO}_2 \longrightarrow \text{C}_6\text{H}_5\text{NH}_3\text{Cl} \longrightarrow \text{C}_6\text{H}_5\text{NH}_2$$

C☐❼ 次の反応式を完成せよ。

$$2\,\text{C}_6\text{H}_5\text{-NO}_2 + 3\text{Sn} + 14\text{HCl}$$
$$\longrightarrow 2［ア］ + 3［イ］ + 4\text{H}_2\text{O}$$

B☐❽ アニリンに加えると赤紫色を示す物質を答えよ。

C☐❾ アニリンを二クロム酸カリウム $\text{K}_2\text{Cr}_2\text{O}_7$ の硫酸 酸性溶液によって酸化すると，どのような物質を生 じるか。

216

解　答

解　説

❶アミノ基

●アニリン（沸点 185℃）の純粋なものは無色であるが，酸化されやすく，空気中に放置しておくと褐色～赤褐色になる。

❷アミン
❸弱塩基性（えんき）

●アンモニアの水素原子を炭化水素基で置換した形の化合物をアミンといい，炭化水素基がベンゼン環（ほうこうぞく）であるものを芳香族アミンという。

❹アニリン塩酸塩（えんさんえん）

●◯-NH$_3^+$：アニリニウムイオン

●アニリンは弱塩基なので，アニリン塩酸塩の水溶液に NaOH 水溶液を加えると，アニリンが遊離（ゆうり）する。

❺ア：水酸化ナトリウム
　イ：NaOH

● 塩基性の強さ
　NaOH ＞ CH$_3$NH$_2$（メチルアミン）
　　＞ NH$_3$ ＞ ◯NH$_2$

❻還元

●さらし粉水溶液（CaCl(ClO) aq）をアニリンに加えると，ClO$^-$ の酸化作用によって赤紫色に呈色する。この反応はアニリンの検出法に用いられている。

❼ア：◯-NH$_3$Cl
　イ：SnCl$_4$

❽さらし粉水溶液
❾黒色物質（こ）
　（アニリンブラック）

●アニリンを二クロム酸カリウムで酸化すると，水に不溶の黒色物質（アニリンブラック）に変化する。これは黒色の染料（せんりょう）として利用されている。

104 **アニリンの反応**

B☐**❶** アニリンに無水酢酸(むすいさくさん)を反応させると，[ア]が得られる。

$$\text{C}_6\text{H}_5\text{-NH-H} + \text{O}\overset{\text{COCH}_3}{\underset{\text{COCH}_3}{\big\langle}} \longrightarrow [\text{イ}] + \text{CH}_3\text{COOH}$$

B☐**❷** ❶のもつ結合は何か。

B☐**❸** ❶の反応を何化というか。

A☐**❹** アニリンに亜硝酸(あしょうさん)ナトリウムと塩酸を作用させると，[ア]を生じる。

$$\text{C}_6\text{H}_5\text{-NH}_2 + 2\text{HCl} + \text{NaNO}_2 \longrightarrow [\text{イ}] + \text{NaCl} + 2\text{H}_2\text{O}$$

A☐**❺** ❹のとき，温度をどれくらいにするか。

A☐**❻** ❹の反応を何というか。

B☐**❼** ❹の水溶液を加熱すると[ア]を生じる。

$$\text{C}_6\text{H}_5\text{-N}_2\text{Cl} + \text{H}_2\text{O} \longrightarrow [\text{イ}] + \text{N}_2 + \text{HCl}$$

A☐**❽** 塩化ベンゼンジアゾニウムとナトリウムフェノキシドを混合した。このときの生成物は何か。

$$\text{C}_6\text{H}_5\text{-N}^+\equiv\text{NCl}^- + \text{C}_6\text{H}_5\text{-ONa}$$

$$\longrightarrow \quad \text{C}_6\text{H}_5\text{-N}=\text{N-C}_6\text{H}_4\text{-OH} + \text{NaCl}$$

A☐**❾** ❽がもつ官能基−N=N−の名称と，この官能基をもつ化合物群の名称を答えよ。

A☐**❿** ❽の反応を何というか。

B☐**⓫** ❽の生成物は何色か。

B☐**⓬** ❽の生成物は主に何に使われているか。

解答

❶ ア：アセトアニリド

イ：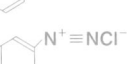

❷ アミド結合

❸ アセチル化

❹ ア：塩化ベンゼンジ
アゾニウム

イ：◯^{N_2Cl}

$\left(\text{◯}^{N^+ \equiv NCl^-} \right)$

❺ 0～5 ℃（氷冷）

❻ ジアゾ化

❼ ア：フェノール

イ：◯^{OH}

❽ p-ヒドロキシアゾ
ベンゼン
（p-フェニルアゾフ
ェノール）

❾ アゾ基，アゾ化合物

❿ ジアゾカップリング

⓫ 橙赤色

⓬ 染料（アゾ染料）

解説

● アセトアニリド（融点 115℃）は，
常温では白色の結晶。

● アセトアニリドは解熱鎮痛剤とし
て用いられてきたが，副作用が大
きいので，現在では使われていな
い。

● アニリンの希塩酸溶液を 5 ℃以
下に冷やしながら亜硝酸ナトリウ
ム NaNO₂ 水溶液を加えると，塩
化ベンゼンジアゾニウムが生じる。

● $-N^+ \equiv N$ の構造をもつジアゾニ
ウム塩の生成反応をジアゾ化とい
う。

● 塩化ベンゼンジアゾニウムは熱で
分解しやすく，水溶液中では窒素
を発生してフェノールを生じる。

● 塩化ベンゼンジアゾニウム水溶液
にナトリウムフェノキシド水溶液
を加えると，橙赤色の p-ヒドロ
キシアゾベンゼン（融点 157℃）
が生じる。

● アゾ基 $-N=N-$ をもつ化合物
（アゾ化合物）が生じるような反
応をジアゾカップリングという。

● **アゾ染料の例**
メチルオレンジ

$(CH_3)_2N-\text{◯}-N=N-\text{◯}-SO_3Na$

C□❶ 加熱により発生した蒸気を冷やして戻す操作を何
というか。

B□❷ 突沸(とっぷつ)を防ぐために,沸騰させる液体に加えるもの
は何か。

C□❸ 有機化合物は〔 〕性が強いので,直火(じかび)で加熱し
ない。

C□❹ 多量に使われる溶媒(ようばい)で,蒸気が強い ❸ の性質を
もつ化合物は何か。

B□❺ 有機化合物をエーテルに溶かし,溶解性
の違いを利用して分離する操作を何とい
うか。

A□❻ 水層(すいそう)とエーテル層の分離をするときに使
う,図のような器具を何というか。

B□❼ エーテル層と水層は分離すると,どちら
が上にくるか。

B□❽ アニリンを水層に取り出すには,何の水溶液を使
えばよいか。

B□❾ フェノールと安息香酸(あんそくこうさん)の分離には,何を使えばよ
いか。

B□❿ ❾において,どちらが反応するか。

C□⓫ ナトリウムフェノキシドをフェノールにするには,
どうすればよいか。

C□⓬ ほかに有機溶媒として,ベンゼン,ヘキサン,ク
ロロホルム,四塩化炭素(しえんかたんそ)を用いる場合がある。この
うち,水より軽く,上層にくる有機溶媒はどれか。

❶還流

❷沸騰石

❸引火

❹ジエチルエーテル

❺抽出

❻分液漏斗

❼エーテル層

❽塩酸

❾炭酸水素ナトリウム

❿安息香酸

⓫炭酸より強い酸を加えるとフェノールが遊離する。

⓬ベンゼン，ヘキサン

●引火：他の火や熱によって，可燃性の物質が燃え出すこと。

● **分液漏斗による分離操作**

塩酸や水酸化ナトリウム水溶液などに有機溶媒を加える。

　↓

両手でしっかり押さえ振り混ぜる。

　↓

ときどき脚部の活栓を開き，内外圧を合わせる。

　↓

二層に分離するまで放置し，下層を流し出す。

● **水より軽い溶媒**

ジエチルエーテル $C_2H_5OC_2H_5$，ベンゼン C_6H_6，ヘキサン C_6H_{14}

● **水より重い溶媒**

クロロホルム $CHCl_3$，四塩化炭素 CCl_4

●水に溶けにくい有機化合物でも，塩をつくると水溶性になる。

● ❽ ： ⬡-NH_2 + HCl

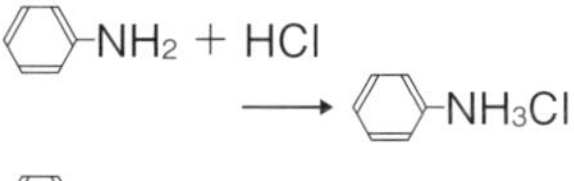

　　　　⟶ ⬡-NH_3Cl

● ❿ ： ⬡-COOH + $NaHCO_3$

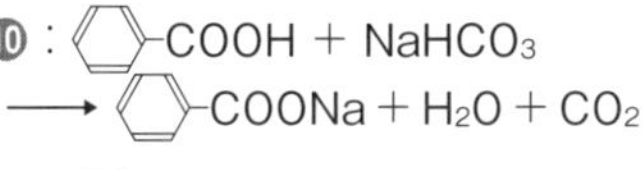

　　⟶ ⬡-COONa + H_2O + CO_2

● ⓫ ： ⬡-ONa + H_2O + CO_2

　　　⟶ ⬡-OH + $NaHCO_3$

第4章　有機化合物の性質と利用　221

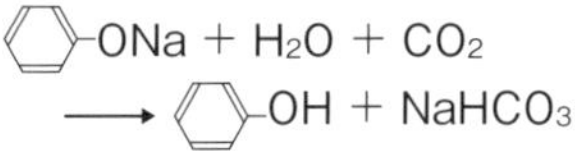

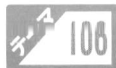

テーマ 106 芳香族の分離(2)

A☐❶ 次の芳香族化合物を分離し，化合物を構造式で答えよ。

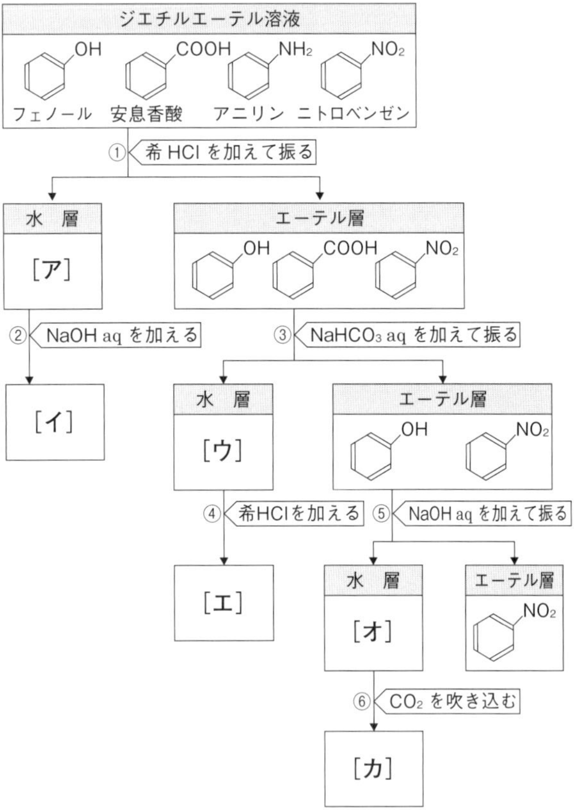
ジエチルエーテル溶液
OH
COOH
NH2
NO2
フェノール
安息香酸
アニリン
ニトロベンゼン
①
希 HCl を加えて振る
水 層
[ア]
エーテル層
OH
COOH
NO2
②
NaOH aq を加える
③
NaHCO3 aq を加えて振る
[イ]
水 層
[ウ]
エーテル層
OH
NO2
④
希HClを加える
⑤
NaOH aq を加えて振る
[エ]
水 層
[オ]
エーテル層
NO2
⑥
CO2 を吹き込む
[カ]

❶ア： ⟨benzene⟩NH₃Cl

ア：

イ： ⟨benzene⟩NH₂

ウ： ⟨benzene⟩COONa

エ： ⟨benzene⟩COOH

オ： ⟨benzene⟩ONa

カ： ⟨benzene⟩OH

● 起こっている反応

ア：中和反応

$$⟨benzene⟩NH_2 + HCl \longrightarrow ⟨benzene⟩NH_3Cl$$

イ：中和（弱塩基遊離）➡ 🔖64

$$⟨benzene⟩NH_3Cl + NaOH$$
$$\longrightarrow ⟨benzene⟩NH_2 + H_2O + NaCl$$

ウ：中和（弱酸遊離）➡ 🔖64

$$⟨benzene⟩COOH + NaHCO_3$$
$$\longrightarrow ⟨benzene⟩COONa + H_2O + CO_2$$

エ：中和（弱酸遊離）➡ 🔖64

$$⟨benzene⟩COONa + HCl$$
$$\longrightarrow ⟨benzene⟩COOH + NaCl$$

オ：中和

$$⟨benzene⟩OH + NaOH$$
$$\longrightarrow ⟨benzene⟩ONa + H_2O$$

カ：中和（弱酸遊離）➡ 🔖64

$$⟨benzene⟩ONa + H_2O + CO_2$$
$$\longrightarrow ⟨benzene⟩OH + NaHCO_3$$

● 弱酸・弱塩基の遊離は，中和に含まれる。

医薬品・染料

107

C☐❶ 細菌による感染症に対して，化学物質を用いて細菌の活動を抑制したり，死滅させたりして行う治療を何というか。

C☐❷ 梅毒の特効薬で，最初の化学療法剤である次の化合物の名称を答えよ。

$$H_2N \quad NH_2$$
$$HO - \bigcirc - As = As - \bigcirc - OH$$

C☐❸ アゾ染料が体内で分解されて生じた化合物から発見された，次の分子構造を骨格とする薬品は何か。

$$NH_2 - \bigcirc - SO_2NH_2 \quad スルファニルアミド$$

A☐❹ 微生物によって生産され，他の細菌の発育，代謝を阻害する物質を何というか。

B☐❺ 最初の抗生物質として，アオカビから発見されたのは何か。

$$C_6H_5CH_2-C-N-C-C \overset{S}{\underset{}{}}$$

C☐❻ 抗生物質や化学療法剤に強い抵抗力をもつ細菌を何というか。

B☐❼ 医薬品の服用により，期待した効果と異なる作用が現れることを何というか。

B☐❽ 古代より，糸や布の染料として動植物に含まれる色素が使われてきた。このような染料を何というか。

B☐❾ 石油などを原料として人工的に合成された有機化合物からなる染料を何というか。

A☐❿ 赤色を示す染料に含まれる分子は−N＝N−をもつものが多い。この官能基の名称を答えよ。

A☐⓫ ❿の官能基をもつ分子からなる染料を〔　〕染料という。

| 解　答 | 解　説 |

❶化学療法

❷サルバルサン

❸サルファ剤

❹抗生物質

❺ペニシリン

❻耐性菌

❼副作用

❽天然染料

❾合成染料

❿アゾ基

⓫アゾ

● 病気の症状に応じて使用される医薬品を対症療法薬という。アセチルサリチル酸やサリチル酸メチルはこれにあたる。

● サルバルサンは，1910年，エールリッヒ（独）が秦佐八郎とともに開発した梅毒の特効薬で，最初の化学療法剤である。

● プロントジルと呼ばれる染料が，体内で分解してスルファニルアミドを生成し，これが細菌を死滅させることが判明したことから，サルファ剤が開発された。

● フレミング（英）は1928年，青カビがブドウ球菌の発育を抑制する物質を生産することを発見し，これをペニシリンと名づけた。

● ストレプトマイシンはペプチドの合成過程を阻害する抗生物質で，1944年にワクスマン（米）が発見し，最初の結核治療薬として使われた。

● 抗生物質や化学療法剤に強い抵抗性をもつ細菌を耐性菌という。

● 合成染料は主に石油を原料に合成される染料で，1856年パーキン（英）が偶然に赤紫色のモーブを合成したのが最初である。

第4章　有機化合物の性質と利用　225

第1章　第2章　第3章　第4章　第5章

グルコース，ガラクトース

A☐**❶** グルコースの分子式と分子量を答えよ。

B☐**❷** グルコースは別名で何糖と呼ばれているか。

B☐**❸** グルコースを水に溶かすと生じる異性体(いせいたい)はいくつあるか。

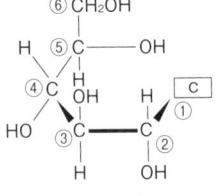

環状構造

B☐**❹** α-グルコースの OH 基は図の a ， b のどちらに結合しているか。

B☐**❺** α-グルコースと β-グルコースは [　] 異性体の関係にある。

C☐**❻** 環状構造のグルコースの不斉炭素原子はいくつか。

C☐**❼** 鎖状(さじょう)構造のグルコースの不斉炭素原子はいくつか。

A☐**❽** 鎖状構造の c にある官能基(かんのうき)は何か。

A☐**❾** 鎖状構造は c にある官能基をもつため，[　] 性を示す。

鎖状構造

A☐**❿** ❾の性質を調べるため，アンモニア性硝酸銀(しょうさんぎん)を加えて温める反応を [　] 反応という。

A☐**⓫** ❾の性質を調べるため，フェーリング液を加えて温めると生じる赤色沈殿(ちんでん)の化学式を答えよ。

B☐**⓬** グルコースを酵母(こうぼ)によってエタノールと二酸化炭素に分解することを [ア] という。

$$C_6H_{12}O_6 \longrightarrow 2[イ] + 2[ウ]$$

C☐**⓭** グルコースの立体異性体で，4 位の炭素原子 ④ に結合する -H と -OH の立体配置が逆になっている糖の名称を答えよ。

解 答

❶ $C_6H_{12}O_6$，180

❷ ブドウ糖

❸ 3つ
（α，β，鎖状構造）

❹ b

❺ 立体

❻ 5つ
（①，②，③，④，⑤）

❼ 4つ
（②，③，④，⑤）

❽ ホルミル基
（CHO 基）

❾ 還元（かんげん）

❿ 銀鏡（ぎんきょう）

⓫ Cu_2O

⓬ ア：アルコール発酵（はっこう）
イ：C_2H_5OH
ウ：CO_2
（イとウは順不同）

⓭ ガラクトース

解 説

● 糖類は一般式 $C_m(H_2O)_n$ で表され，炭水化物とも呼ばれる。

● 単糖類の中で，炭素数が 5 のものをペントース（五炭糖（ごたんとう）），6 のものをヘキソース（六炭糖（ろくたんとう））という。

● グルコースはブドウ糖とも呼ばれ，動植物の体内に広く存在している。

● グルコースは，無色粉末状の結晶（融点 146℃）であり，水によく溶ける。

● 結晶中のグルコース分子は主に α-グルコースで存在するが，水溶液中では他に β-グルコースと鎖状構造を含めた 3 種類の異性体が平衡状態で存在する。

● 室温の水溶液中では，α 型約 37 %，β 型約 63%，アルデヒド型微量の平衡（へいこう）混合物である。

● α-グルコースの書き方
1．右上を O にして六角形を書く。
2．⑤の C の上に CH_2OH を書く。
3．⑤④③②①の順に H を下上下上上と書く（β は下上下上下）。

B ☐ ❶ フルクトースは別名で，何糖と呼ばれているか。

C ☐ ❷ フルクトースを水に溶かすと生じる異性体（いせいたい）はいくつあるか。

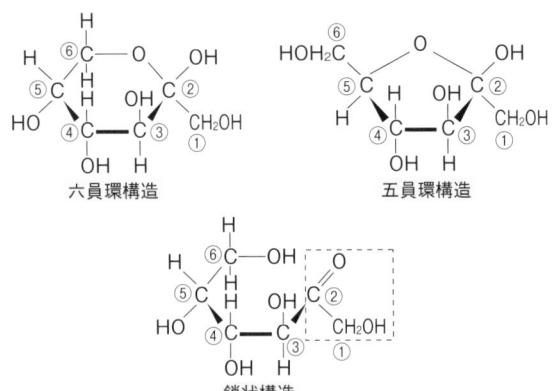

六員環構造

五員環構造

鎖状構造

A ☐ ❸ 鎖状（さじょう）構造のフルクトースは，$R-CO-CH_2OH$ の構造をもつので [　] 性を示す。

C ☐ ❹ $-O-C-OH$ の形を [ア] 構造といい，糖類（とうるい）の環（かん）状（じょう）構造がこの構造をもっていると，水溶液中で切断が起こり，鎖状構造になるので [イ] 性を示す。

C ☐ ❺ フルクトースは，果実や蜂蜜に含まれ，糖類のうち最も [　] が強い。

A ☐ ❻ グルコースやフルクトースは，酵母の働きによりアルコール発酵（はっこう）が起こり，[ア] と [イ] になる。

$$C_6H_{12}O_6 \longrightarrow 2[ウ] + 2[エ]$$

B ☐ ❼ グルコースのようにホルミル基をもつ単糖を [ア]，フルクトースのようにカルボニル基をもつ単糖を [イ] という。

解答

❶果糖（かとう）

❷5つ

$$\begin{pmatrix} 六員環\ \alpha,\ \beta \\ 五員環\ \alpha,\ \beta \\ 鎖状 \end{pmatrix}$$

❸還元（かんげん）

❹ア：ヘミアセタール
イ：還元

❺甘味（かんみ）

❻ア：エタノール
イ：二酸化炭素
（アとイは順不同）
ウ：C_2H_5OH
エ：CO_2
（ウとエは順不同）

❼ア：アルドース
イ：ケトース

解説

● フルクトースの環状構造にはC
原子4つとO原子1つからなる
五員環（こいんかん）（フラノース）とC原子5
つとO原子1つからなる六員環（ろくいんかん）
（ピラノース）がある。

● ピラノースの覚え方
ピノは6個入り。

● 結晶中では主に六員環構造のβ-
フルクトースで存在している。

● 温度が低いほどβ型が多く、β型
の方が甘味が強いので、果物やジュースは冷やした方が甘く感じられる。

● フルクトースの還元性

$$\underset{\substack{\| \\ O}}{R-C}-\underset{\substack{| \\ OH}}{CH_2} \rightleftharpoons R-\underset{\substack{| \\ OH}}{C}=\underset{\substack{| \\ OH}}{CH}$$

$$\rightleftharpoons R-\underset{\substack{| \\ OH}}{CH}-\underset{\substack{\| \\ O}}{C}-H$$

以上の構造が水溶液中で平衡状態
にあるため、還元性を示す。

● $-O-C-OH$
同一の炭素原子にヒドロキシ基と
エーテル結合が1つずつ結合した構造をヘミアセタール構造という。➡ 📖127（アセタール構造）

第5章　高分子化合物　**229**

110 マルトース，セロビオース

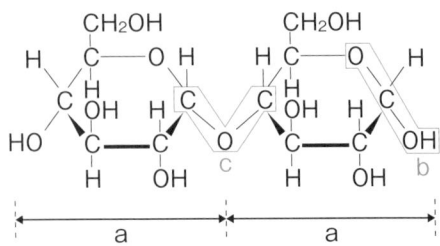

A☐❶ マルトースの分子式と分子量を答えよ。

B☐❷ マルトースは別名で何糖と呼ばれるか。

A☐❸ マルトース分子を構成するaの分子は何か。

B☐❹ bの構造を何構造というか。

A☐❺ マルトース分子には❹の構造があるので，[　]性を示す。

B☐❻ アンモニア性硝酸銀水溶液にマルトースを加えるとどうなるか。

B☐❼ ❹の構造の OH 基が関与してできたエーテル結合cは何結合と呼ばれるか。

A☐❽ マルトースを加水分解する酵素は何か。

$$C_{12}H_{22}O_{11} + H_2O \longrightarrow 2C_6H_{12}O_6$$

A☐❾ マルトースは [ア] を酵素 [イ] で加水分解すると生じる。

$$(C_6H_{10}O_5)_n + \frac{n}{2}H_2O \longrightarrow \frac{n}{2}C_{12}H_{22}O_{11}$$

A☐❿ セロビオース分子を構成する分子は何か。

B☐⓫ セロビオースを加水分解する酵素は何か。

B☐⓬ セロビオースは [ア] を酵素 [イ] で加水分解すると生じる。

B☐⓭ セロビオースは還元性を示すか。

解 答

解 説

● マルトースは麦芽糖ともいい，水あめの主成分である。

● マルトースはデンプンを酵素アミラーゼで加水分解すると生じる。

● マルトースには還元性があり，フェーリング液を還元し，銀鏡反応を示す。

❶ $C_{12}H_{22}O_{11}$，342
❷ 麦芽糖
❸ α-グルコース
❹ ヘミアセタール構造
❺ 還元

❻ 銀鏡反応が起こり，壁面に銀が析出する。
❼ グリコシド結合

❽ マルターゼ

❾ ア：デンプン
　 イ：アミラーゼ

❿ β-グルコース
⓫ セロビアーゼ
⓬ ア：セルロース
　 イ：セルラーゼ
⓭ 示す

● マルトースは，α-グルコース分子2個が縮合した構造をしており，希酸または酵素マルターゼで加水分解するとグルコース2分子を生じる。

● α-グルコースの分子間の脱水縮合によるエーテル結合 C−O−C を α-グリコシド結合ともいう。

● セロビオースはセルロースを酵素セルラーゼで加水分解すると生じる。

● セロビオースは β-グルコース2個が縮合した構造をしており，希酸または酵素セロビアーゼで加水分解すると，グルコースが2分子生じる。

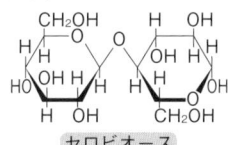

セロビオース

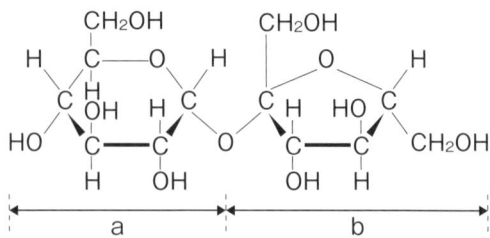

A☐❶　スクロースの分子式と分子量を答えよ。

B☐❷　スクロースは別名で何糖と呼ばれているか。

A☐❸　スクロース分子を構成するaの単糖は何か。

A☐❹　スクロース分子を構成するbの単糖は何か。

A☐❺　スクロースは還元性を示すか。

B☐❻　❺の理由について答えよ。

B☐❼　スクロースを加水分解する酵素(こうそ)は何と呼ばれるか。

B☐❽　スクロースを加水分解すると［ア］と［イ］の等量混合物になる。

B☐❾　❽を［ア］糖といい，還元性を［イ］。

C☐❿　ラクトースは［ア］の1位の－OHと［イ］の4位の－OHが縮合した構造で，還元性を［ウ］。

C☐⓫　トレハロースは2分子の［ア］が1位の－OHどうしで縮合した構造で，還元性を［イ］。

解答

❶ $C_{12}H_{22}O_{11}$, 342
❷ ショ糖
❸ α-グルコース
❹ β-フルクトース
❺ 示さない
❻ 還元性を示す部分の
　ヒドロキシ基どうし
　で結合しているから。
❼ インベルターゼ
　またはスクラーゼ
❽ ア：グルコース
　イ：フルクトース
　（アとイは順不同）
❾ ア：転化　イ：示す
❿ ア：ガラクトース
　イ：グルコース
　ウ：示す
⓫ ア：α-グルコース
　イ：示さない

解説

● スクロースはショ糖ともいい，サトウキビやテンサイ（サトウダイコン）から得られる無色の結晶。

● 日常に用いるスクロースの製品を砂糖という。

● 砂糖は代表的な甘味料で，ふつうは白色粉末状で用いられるが，純度の低い黒砂糖や，純度の高い結晶状の氷砂糖などもある。

● スクロース分子は α-グルコースの1位の−OHと β-フルクトースの2位の−OHが脱水縮合した構造である。

● スクロースは希酸または酵素インベルターゼ（スクラーゼ）で加水分解すると，グルコースとフルクトースの等量混合物になる。この等量混合物を転化糖という。

● スクロースには還元性はないが，転化糖には還元性がある。

● スクロースの加水分解において，インベルターゼ（サッカラーゼ）はフルクトース側から働き，スクラーゼはグルコース側から働く別々の酵素である。

● トレハロースはヘミアセタール構造をもたないので，還元性がない。

デンプン(1)

A☐❶ デンプンを構成する単糖は何か。

A☐❷ デンプンは直鎖状の構造をもつ［ア］と，枝分かれの多い構造をもつ［イ］からできている。

B☐❸ アミロースはα-グルコースの何位と何位の炭素が結合しているか。

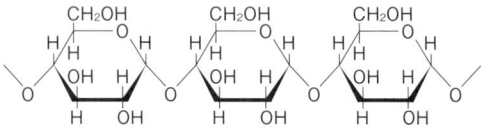

B☐❹ アミロペクチンはα-グルコースの何位と何位の炭素が結合しているか。

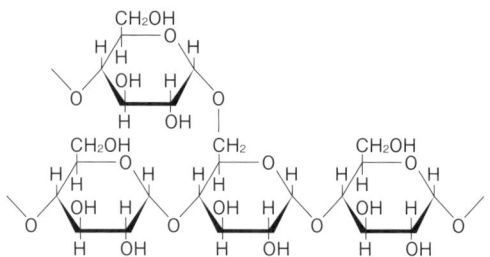

C☐❺ 分子量が大きいのはアミロースとアミロペクチンのどちらか。

C☐❻ 熱水に溶けるのはアミロースとアミロペクチンのどちらか。

A☐❼ アミロースやアミロペクチンの鎖状部分は［ア］構造をとり，分子内の［イ］結合によって保持されている。

❶ α-グルコース

❷ア：アミロース
　イ：アミロペクチン

❸ 1位と4位

● グルコース内の炭素の番号

➡ 🖊108

● デンプンは，植物中で光合成を経てつくられ，種子や地下茎などにデンプン粒として蓄えられている。

● デンプンは冷水には溶けにくいが，約80℃の熱水にしばらくつけておくと，溶け出す部分と不溶性の部分に分けられる。

❹ 1位と4位
　1位と6位

● アミロースは比較的分子量が小さい（$10^4 \sim 10^5$）ので，熱水に溶けやすい。

● アミロペクチンは比較的分子量が大きい（$10^5 \sim 10^6$）ので，熱水に溶けにくい。

● ふだん食べている米（ウルチ米）にはアミロースが20〜25％，アミロペクチンが75〜80％含まれているが，モチ米ではほぼ100％がアミロペクチンである。

❺ アミロペクチン

❻ アミロース

● らせん構造はグルコース単位約6個で1回転している。

❼ア：らせん
　イ：水素

A ☐ **❶** デンプンの分子式を，重合度を n として表せ。

A ☐ **❷** デンプンの分子はどのような構造をしているか。

A ☐ **❸** デンプンは還元性を示すか。

C ☐ **❹** ❸ の理由を答えよ。

A ☐ **❺** デンプン水溶液にヨウ素溶液を加えると何色を示すか。

A ☐ **❻** ❺ の反応を何というか。

C ☐ **❼** アミロースが ❻ の反応で示す色は何色か。

C ☐ **❽** アミロペクチンが ❻ の反応で示す色は何色か。

C ☐ **❾** ヨウ素溶液とは，一般にヨウ素を [ ] 水溶液に溶かした溶液のことをいう。

A ☐ **❿** デンプンを加水分解する酵素は何か。

B ☐ **⓫** デンプンを加水分解すると生じる，比較的分子量の小さい多糖を何というか。

B ☐ **⓬** ❿ で加水分解されたデンプンは [**ア**] を経て二糖類 [**イ**] になる。

$$(C_6H_{10}O_5)_n + \frac{n}{2} H_2O \longrightarrow \frac{n}{2} C_{12}H_{22}O_{11}$$

A ☐ **⓭** ⓬ で生じた二糖類は酵素 [ ] で加水分解されグルコースになる。

$$C_{12}H_{22}O_{11} + H_2O \longrightarrow 2C_6H_{12}O_6$$

C ☐ **⓮** グリコーゲンは α-グルコースが重合した化合物で，アミロペクチンより枝分かれが多く，ヨウ素デンプン反応で [ ] 色を示す。

C ☐ **⓯** グリコーゲンは，体内の余剰の [**ア**] を蓄えておくための物質であり，必要に応じて [**イ**] され，[**ア**] を生じてエネルギー源になる。

C ☐ **⓰** 分子量 10 万のデンプンに，グルコース単位は約何個含まれるか。

解　答

❶ $(C_6H_{10}O_5)_n$
❷ らせん構造
❸ 示さない
❹ デンプンは高分子化合物なので，還元性を示す部分が少ないから。
❺ 青紫色（青色）
❻ ヨウ素デンプン反応
❼ 濃青色
❽ 赤紫色
❾ ヨウ化カリウム
❿ アミラーゼ
⓫ デキストリン
⓬ ア：デキストリン
　　イ：マルトース

⓭ マルターゼ

⓮ 赤褐

⓯ ア：グルコース
　　イ：加水分解

⓰ 約 6.2×10^2 個

解　説

● ヨウ素デンプン反応は，デンプン分子のらせん構造の中に I_2 や I_3^- が入ることによって示す。

● ヨウ素デンプン反応の色はデンプン分子の直鎖部分の長さで変わり，アミロースは直鎖部分が長く濃青色を示すが，アミロペクチンは直鎖部分が短く赤紫色を示す。

● I_2 は KI 水溶液に I_3^-（三ヨウ化物イオン）をつくって溶ける。

$$I_2 + I^- \rightleftarrows I_3^-$$

● グリコーゲンは動物の肝臓や筋肉中に含まれており，アミロペクチンに似た構造で，さらに枝分かれが多く，分子量も 10^6 程度になる。ヨウ素デンプン反応は赤褐色を示す。

● アミロペクチンはおよそグルコース単位約 25 個あたり，グリコーゲンは約 10 個あたりに 1 つの分枝がある。

● ⓰：分子量 10^5 のデンプンの重合度 n を求める。
$(C_6H_{10}O_5)_n = 162n$ より，
$$n = \frac{1.0 \times 10^5}{162} = 617 \fallingdotseq 6.2 \times 10^2$$

セルロース

A☐ ❶ セルロースを構成する a の分子は何か。

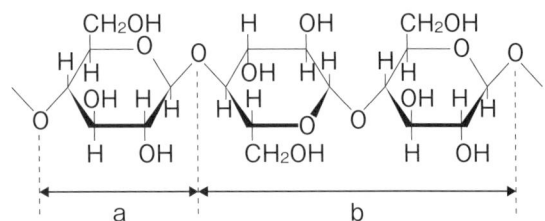

B☐ ❷ セルロースは，❶ が 2 分子結合した b の単位の
　　　　 繰り返しになっている。b の分子の名称を答えよ。

A☐ ❸ セルロースの分子鎖は［ ア ］状構造をしており，
　　　　 平行に並んだ分子間で［ イ ］結合が形成されている。

A☐ ❹ セルロースは何の主成分か。

A☐ ❺ セルロースはヨウ素デンプン反応を示すか。

C☐ ❻ ❺ の理由を答えよ。

B☐ ❼ セルロースは還元性を示すか。

B☐ ❽ セルロースの分解酵素は何か。

B☐ ❾ セルロースを ❽ で分解すると二糖類［ 　 ］になる。

$$(C_6H_{10}O_5)_n + \frac{n}{2} H_2O \longrightarrow \frac{n}{2} C_{12}H_{22}O_{11}$$

A☐ ❿ ❾ で生じた二糖類は酵素［ 　 ］で加水分解されグ
　　　　 ルコースになる。

$$C_{12}H_{22}O_{11} + H_2O \longrightarrow 2C_6H_{12}O_6$$

C☐ ⓫ セルロースに混酸（濃硝酸と濃硫酸の混合物）を
　　　　 反応させると，その硝酸エステルの［ 　 ］を得る。

$$[C_6H_7O_2(OH)_3]_n + 3nHONO_2$$
$$\longrightarrow [C_6H_7O_2(ONO_2)_3]_n + 3nH_2O$$

C☐ ⓬ ⓫ の一部を加水分解した［ 　 ］はセルロイドの原
　　　　 料となる。

解　答	解　説
❶ β-グルコース	● セルロースは植物の細胞壁の主成分である。
	● セルロース分子は、β-グルコース分子が直鎖状に繰り返した構造をしており、分子量は $10^6 \sim 10^8$ にもなる。
❷ セロビオース	● 食品の成分としては、ヒトにはセルロースを加水分解する消化酵素がなく、セルロースはエネルギー源にならないが、繊維質(せんいしつ)として腸管の動きを活発にし、間接的に他の栄養素の消化吸収を助けるものと考えられている。
❸ ア：直線　イ：水素	
❹ 植物の細胞壁(さいぼうへき)	
❺ 示さない	
❻ 直線状構造なので、デンプンのようにヨウ素が分子内に入り込まないから。	● 草食動物にはセルロースを分解する微生物(バクテリア)が胃の中に繁殖している。
❼ 示さない	● セルロースは多くの溶媒に溶けにくく、ヨウ素デンプン反応も還元性も示さず、酸化剤にも安定である。しかし、希酸(きさん)を加えて長時間加熱すると、加水分解してグルコースになる。
❽ セルラーゼ	
❾ セロビオース	
❿ セロビアーゼ	
⓫ トリニトロセルロース	● 酵素セルラーゼにより加水分解され、セロビオースになる。
	● セルロース工業 ➡ [115]
⓬ ジニトロセルロース $[C_6H_7O_2(OH)(ONO_2)_2]_n$	● 硝酸エステル ➡ [95]

B☐ **❶** セルロースの化学式は ($C_6H_{10}O_5$)$_n$ のほかに，OH 基を強調して [ ] とも書ける。

B☐ **❷** セルロースを化学的に加工して OH 基の一部を変化させた繊維を何というか。

C☐ **❸** セルロースに無水酢酸と酢酸，少量の濃硫酸を作用させると [**ア**] が生じる。これは有機溶媒に溶けにくいが，エステル結合の一部を加水分解して [**イ**] にするとアセトンに溶ける。

$$[C_6H_7O_2(OH)_3]_n \longrightarrow [C_6H_7O_2(OCOCH_3)_3]_n$$
$$\longrightarrow [C_6H_7O_2(OH)(OCOCH_3)_2]_n$$

C☐ **❹** ❸ [**イ**] を細孔から温かい空気中に押し出して乾燥させると，[ ] ができる。

B☐ **❺** 短い天然繊維を化学的に処理して溶解したのち，長い繊維につくり直した繊維を [**ア**] 繊維といい，セルロースを原料としたものを [**イ**] という。

C☐ **❻** セルロースを濃 NaOH 水溶液で処理したのち，CS_2 水溶液と反応させたあと，希 NaOH 水溶液に溶かすと [ ] という赤褐色のコロイド溶液になる。

C☐ **❼** ❻ を細孔から希 H_2SO_4 中に押し出すとセルロースが再生する。この繊維を何というか。

C☐ **❽** 濃 NH_3 水溶液に $Cu(OH)_2$ を溶かした水溶液（シュワィツァー試薬）に，セルロースを溶かした溶液を細孔から凝固液中に押し出し，さらに希 H_2SO_4 中に通すとセルロースが再生される。この繊維を何というか。

解　答

❶ $[C_6H_7O_2(OH)_3]_n$

❷ 半合成繊維（はんごうせい）

❸ ア：トリアセチルセルロース
イ：ジアセチルセルロース

❹ アセテート繊維

❺ ア：再生
イ：レーヨン

❻ ビスコース

❼ ビスコースレーヨン

❽ 銅アンモニアレーヨン（キュプラ）

解　説

● トリアセチルセルロースは溶媒に溶けにくいが、エステル結合の一部を加水分解してジアセチルセルロースにすると、アセトンに溶ける。

● セルロースからニトロセルロースへの反応は、ニトロ化ではなくエステル化である。➡ 🖉 95
　● ニトロ化
　　$R\text{-}H + HNO_3$
　　　　$\longrightarrow R-NO_2 + H_2O$
　● エステル化
　　$R\text{-}OH + HNO_3$
　　　　$\longrightarrow R-ONO_2 + H_2O$

● トリニトロセルロースを主成分とするものを強綿薬といい、無煙火薬に用いられる。ジニトロセルロース $[C_6H_7O_2(OH)(ONO_2)_2]_n$ を主成分とするものを弱綿薬、さらに窒素の含有率を下げたものを脆綿薬といい、セルロイドと呼ばれる合成樹脂（ごうせいじゅし）の原料になる。

● セルロースの再生繊維はレーヨン（人造絹糸、人絹）といい、原料には主に木材パルプが用いられる。

アミノ酸の構造

A☐❶ α-アミノ酸は，同一の炭素原子に塩基性を示す
[ア]基と酸性を示す[イ]基が結合している。

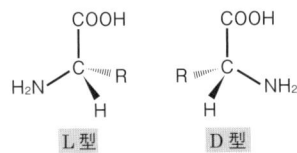

α-アミノ酸

B☐❷ アミノ酸のように酸と塩基の両方の性質を示す化
合物を[ ]化合物という。

A☐❸ α-アミノ酸は何を加水分解すると生じるか。

B☐❹ 天然にα-アミノ酸は何種類存在するか。

A☐❺ ほとんどのα-アミノ酸は不斉炭素原子をもつの
で，[ ]異性体が存在する。

C☐❻ ❺の異性体のうち，天然に存在するアミノ酸の
ほとんどは[ ]型の構造である。

A☐❼ 不斉炭素原子をもたないα-アミノ酸の名称を答
えよ。

B☐❽ 動物の体内で合成できず，食物として摂取する必
要があるアミノ酸を何というか。

B☐❾ 側鎖の中に−NH₂をもつアミノ酸を[ ]性アミ
ノ酸という。

B☐❿ 側鎖の中に−COOHをもつアミノ酸を[ ]性ア
ミノ酸という。

B☐⓫ 分子中に−COOHと−NH₂を1個ずつもつアミ
ノ酸を[ ]性アミノ酸という。

解 答

❶ア：アミノ
　イ：カルボキシ

❷両性

❸タンパク質
❹20種類
❺鏡像

❻L

❼グリシン

❽必須アミノ酸

❾塩基

❿酸

⓫中

解 説

● 分子中にアミノ基−NH₂とカルボキシ基−COOHをもつ化合物をアミノ酸という。

● アミノ酸のうち，同一の炭素原子にアミノ基とカルボキシ基が結合したものを α-アミノ酸という。

● タンパク質を加水分解すると得られる α-アミノ酸は 20 種類ある。

● グリシン以外の α-アミノ酸には不斉炭素原子があり，鏡像異性体が存在する。

● 天然に存在する α-アミノ酸は，ほとんどが鏡像異性体の L型である。

● **ヒトの必須アミノ酸の覚え方**
　風呂，バイト，一人目
　フェニルアラニン・ロイシン・
　バリン・イソロイシン・
　トレオニン（スレオニン）・
　ヒスチジン・トリプトファン・
　リシン・メチオニン

　 ＊ヒスチジンはヒトの成長期に必須。アルギニンを加える場合もある。

主な α-アミノ酸

● 次のアミノ酸の名称を答えよ。

A ☐ ❶ 動物のタンパク質に多く存在する。不斉炭素原子がない。

$$H_2N-CH-COOH$$
$$| \atop H$$

A ☐ ❷ 多くのタンパク質に存在する。特に絹に多い。

$$H_2N-CH-COOH$$
$$| \atop CH_3$$

B ☐ ❸ ベンゼン環をもつ。広く存在し，牛乳や卵に多く含まれる。

$$H_2N-CH-COOH$$
$$| \atop CH_2-\bigcirc$$

B ☐ ❹ ベンゼン環をもつ。絹や牛乳に多く含まれる。

$$H_2N-CH-COOH$$
$$| \atop CH_2-\bigcirc-OH$$

B ☐ ❺ OH 基をもつ。絹に多く含まれる。

$$H_2N-CH-COOH$$
$$| \atop CH_2-OH$$

B ☐ ❻ SH 基をもつ。広く存在し，毛髪や爪に多く含まれる。

$$H_2N-CH-COOH$$
$$| \atop CH_2-SH$$

B ☐ ❼ 硫黄をもつ。牛乳中のタンパク質に多く含まれる。

$$H_2N-CH-COOH$$
$$| \atop (CH_2)_2-S-CH_3$$

B ☐ ❽ COOH 基を2つもつ。広く存在し，小麦中に多く含まれる。うま味の成分（酸性アミノ酸）。

$$H_2N-CH-COOH$$
$$| \atop (CH_2)_2-COOH$$

B ☐ ❾ COOH 基を2つもつ。植物のタンパク質に多く存在する（酸性アミノ酸）。

$$H_2N-CH-COOH$$
$$| \atop CH_2-COOH$$

B ☐ ❿ NH₂ 基を2つもつ。多くのタンパク質に存在する（塩基性アミノ酸）。

$$H_2N-CH-COOH$$
$$| \atop (CH_2)_4-NH_2$$

❶グリシン

❷アラニン

❸フェニルアラニン

❹チロシン

❺セリン

❻システイン

❼メチオニン

❽グルタミン酸

❾アスパラギン酸

❿リシン

● 中性アミノ酸と略号
- グリシン　Gly
- アラニン　Ala
- バリン　Val
- ロイシン　Leu
- イソロイシン　Ile
- セリン　Ser
- トレオニン(スレオニン)　Thr
- グルタミン　Gln
- アスパラギン　Asn
- プロリン　Pro

● 含硫アミノ酸と略号
- システイン　Cys
- メチオニン　Met

● 芳香族アミノ酸と略号
- フェニルアラニン　Phe
- チロシン　Tyr
- トリプトファン　Trp

● 酸性アミノ酸と略号
- グルタミン酸　Glu
- アスパラギン酸　Asp

● 塩基性アミノ酸と略号
- リシン　Lys
- アルギニン　Arg
- ヒスチジン　His

アミノ酸の性質

A□❶ アミノ酸は，結晶中や水中で [ ] イオンの構造をとる。

$$H_3N^+-CH-COO^-$$
$$\quad\quad\quad |$$
$$\quad\quad\quad R$$

A□❷ 結晶中では，❶どうしがクーロン力で結びついているので，融点は [ア] く，水に [イ]。

A□❸ アミノ酸の水溶液を酸性にすると [ア] イオン，塩基性にすると [イ] イオンの割合が増える。

$$H_3N^+-CH-COOH \underset{H^+}{\overset{OH^-}{\rightleftarrows}} H_3N^+-CH-COO^- \underset{H^+}{\overset{OH^-}{\rightleftarrows}} H_2N-CH-COO^-$$
$$\qquad\qquad | \qquad\qquad\qquad\qquad\qquad | \qquad\qquad\qquad\qquad | $$
$$\qquad\qquad R \qquad\qquad\qquad\qquad\qquad R \qquad\qquad\qquad\qquad R $$

[ア] イオン　　　　[ウ] イオン　　　　[イ] イオン

A□❹ アミノ酸の水溶液中で正負の電荷がつり合うときの pH を何というか。

B□❺ 中性アミノ酸の❹は [ア] 性付近に，酸性アミノ酸の❹は [イ] 性側に，塩基性アミノ酸の❹は [ウ] 性側にもつ。

B□❻ ❹の pH のとき，グリシンの電気泳動を行うとどうなるか。

B□❼ 酸性水溶液中で，グリシンの電気泳動を行うと何極側に移動するか。

B□❽ pH 7 の緩衝液中でアスパラギン酸の電気泳動を行うと何極側に移動するか。

A□❾ アミノ酸にうすいニンヒドリン水溶液を加えて温めると [ア] 色を示す。この反応を [イ] という。

B□❿ アミノ酸のアミノ基側は無水酢酸で [ア] 化を，カルボキシ基側はメタノールで [イ] 化をすることができる。

$$CH_3-C-N-CH-COOH \overset{[ア]化}{\longleftarrow} H_2N-CH-COOH \overset{[イ]化}{\longrightarrow} H_2N-CH-C-O-CH_3$$
$$\qquad || \ | \ | \qquad\qquad\qquad\qquad | \qquad\qquad\qquad\qquad | \ || $$
$$\qquad O \ H \ R \qquad\qquad\qquad\qquad R \qquad\qquad\qquad\qquad R \ O $$

解 答

解 説

❶双性(そうせい)

●アミノ酸は両性化合物なので，酸とも塩基とも反応する。

❷ア：高
　イ：溶けやすい
❸ア：陽　イ：陰
　ウ：双性

●結晶中では，−COOH の H^+ が −NH₂ に移動して −COO⁻ と −NH₃⁺ の双性イオンになっているので，比較的融点や分解温度が高く，水によく溶ける。

●水溶液中のアミノ酸は，酸性溶液中では −COO⁻ が −COOH になり陽イオンになる。また塩基性溶液中では，−NH₃⁺ が −NH₂ になり陰イオンになる。

❹等電点(とうでんてん)

❺ア：中　イ：酸
　ウ：塩基

●各アミノ酸はそれぞれ特定の pH において，水溶液中で正負の電荷がつり合う。このときの pH を等電点という。

❻陽陰どちらの電極にも移動しない。

❼陰極側

❽陽極側

❾ア：赤紫〜青紫色
　イ：ニンヒドリン反応

●等電点の異なるアミノ酸の混合溶液に pH を変化させながら電圧をかけると，アミノ酸の種類により電極への移動方向がそれぞれ異なるので，アミノ酸を分離することができる。これを電気泳動という。
　➡ 📝26

●❼：溶液中の構造
　$H_3N^+-CH_2-COOH$

●❽：溶液中の構造
　$H_3N^+-CH-COO^-$
　　　　　|
　　　　CH_2-COO^-

ニンヒドリン

❿ア：アセチル
　イ：エステル

A☐❶ アミノ酸2分子がCOOH基とNH₂基の部分で脱水縮合(だっすいしゅくごう)してできた結合を何というか。

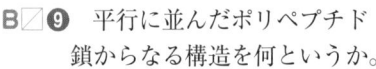

$$H_2N-CH-C\underbrace{+OH+H}-N-CH-COOH$$

$$\longrightarrow H_2N-CH-C-N-CH-COOH$$

A☐❷ ❶の結合をもつ化合物を何というか。

B☐❸ 2つのアミノ酸分子が縮合して生じた化合物は何か。

B☐❹ 3つのアミノ酸分子が縮合して生じた化合物は何か。

B☐❺ 多数のアミノ酸分子が縮合して生じた化合物は何か。

B☐❻ グリシン1分子とアラニン1分子が縮合して生じる化合物の構造異性体(こうぞういせいたい)は何種類あるか。

B☐❼ タンパク質のポリペプチド鎖(さ)がとるらせん構造を何というか。

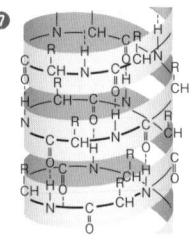

B☐❽ らせん構造をとるにあたって，−NH−と−CO−が何結合で結合しているか。

B☐❾ 平行に並んだポリペプチド鎖からなる構造を何というか。

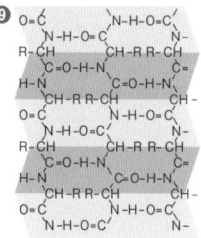

解　答

❶ ペプチド結合

❷ ペプチド
❸ ジペプチド

❹ トリペプチド

❺ ポリペプチド

❻ 2 種類

❼ α-ヘリックス構造

❽ 水素結合
すい そ

❾ β-シート構造

解　説

● アミノ酸分子が多数結合したものをタンパク質といい、分子量は $10^4 \sim 10^6$ 程度である。それ以下のものをペプチドということが多い。

● グリシンとアラニンのジペプチド

$$H_2N-CH_2-\underset{\underset{O}{\|}}{C}-\underset{\underset{H}{\|}}{N}-\underset{\underset{CH_3}{|}}{CH}-COOH$$

グリシルアラニン

$$H_2N-\underset{\underset{CH_3}{|}}{CH}-\underset{\underset{O}{\|}}{C}-\underset{\underset{H}{\|}}{N}-CH_2-COOH$$

アラニルグリシン

● 一般的に、ペプチドは左側にアミノ基をおき、左から語尾を-yl に変えて呼ぶ。

● α-ヘリックス構造のらせん 1 巻きには平均 3.6 個のアミノ酸がある。

● 1 本のポリペプチド鎖に見られる α-アミノ酸の配列順序を一次構造という。

● ポリペプチド鎖の水素結合などによって生じる、らせん状やシート状の立体構造を二次構造という。

C☐❶ タンパク質を構成するアミノ酸の配列順序を
[ ]構造という。

C☐❷ α-ヘリックス構造やβ-シート
構造のように水素結合などで生じ
た立体構造を[ ]構造という。

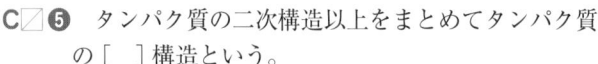

C☐❸ 二次構造が折りたたまれて示す
三次元的な構造を[ ]構造とい
う。

C☐❹ ❸がいくつか結びついて集合
体となった構造を[ ]構造という。

C☐❺ タンパク質の二次構造以上をまとめてタンパク質
の[ ]構造という。

B☐❻ ❸構造を形成するシステインの側鎖の間につく
られた−S−S−結合を何というか。

B☐❼ 加水分解したとき，アミノ酸だけを生じるものを
[ア]タンパク質，アミノ酸のほかに糖類や色素，
リン酸なども生じるものを[イ]タンパク質という。

B☐❽ ポリペプチド鎖が折りたたまれて球状に近い形に
なったものを[ア]タンパク質，ペプチド鎖が何本
も束になって繊維状となったものを[イ]タンパク
質という。

A☐❾ タンパク質に熱や酸，塩基，アルコール，重金属
イオン（Cu^{2+}，Pb^{2+}など）を作用させると凝固す
る性質を何というか。

B☐❿ 生理的な機能をもつタンパク質が，❾が起こる
ことによって，その能力を失うことを何というか。

A☐⓫ タンパク質分子は[ア]コロイドなので，[イ]量
の電解質を水溶液に加えると[ウ]が起きて沈殿が
生じる。

❶一次

❷二次

❸三次

❹四次

❺高次

❻ジスルフィド結合

❼ア：単純
　イ：複合

❽ア：球状
　イ：繊維状

❾変性（へんせい）

❿失活（しっかつ）

⓫ア：親水（しんすい）
　イ：多
　ウ：塩析

- らせん状構造のポリペプチド鎖が折れ曲がった，球状の立体構造を三次構造といい，水素結合やジスルフィド結合－S－S－，イオン結合，疎水性相互作用などで形成されている。

- 三次構造がもつポリペプチド鎖（サブユニット）が組み合わさった構造を四次構造という。

- **ジスルフィド結合**
  $-CH_2-S\boxed{-H \quad H-}S-CH_2-$
  ↓
  $-CH_2-S-S-CH_2-$

- **単純タンパク質の例**
  - アルブミン（卵白，血清）
  - グロブリン（卵白，血清）
  - ケラチン（毛髪，爪）
  - コラーゲン（軟膏，腱，皮膚）
  - フィブロイン（絹糸，クモの糸）

- **複合タンパク質の例**
  - ヘモグロビン（血液）➡ 色素
  - ムチン（だ液）➡ 糖類
  - カゼイン（牛乳）➡ リン酸

- 変性が起こると，タンパク質分子の立体構造が変化するため，もとに戻らなくなる。生卵を熱したゆで卵は，熱変性によって流動性を失う。

A☑**❶** タンパク質の水溶液にうすい NaOH 水溶液を加えたあと，$CuSO_4$ 水溶液を少量加えると呈色する反応を何というか。

B☑**❷** **❶**の反応後，水溶液は何色を示すか。

B☑**❸** **❶**の反応では，タンパク質のどのような性質を特定できるか。

A☑**❹** タンパク質の水溶液に濃 HNO_3 を加えて熱すると［**ア**］色になる。さらに NH_3 水溶液を加えると［**イ**］色になる反応を何というか。

B☑**❺** **❹**の空欄に入る色は何色か。

B☑**❻** **❹**の反応で，タンパク質のどのような性質を特定できるか。

A☑**❼** タンパク質の水溶液にニンヒドリン溶液を加えて温めると呈色する反応を何というか。

B☑**❽** **❼**の反応後，何色を示すか。

B☑**❾** **❼**の反応では，タンパク質のどのような性質を特定できるか。

B☑**❿** タンパク質の水溶液に NaOH の固体を加えて熱し，酸で中和した後，$(CH_3COO)_2Pb$ 水溶液を加えると沈殿を生じた。この沈殿は何色か。

B☑**⓫** **❿**の反応では，タンパク質のどのような性質を特定できるか。

解答　　　　　　　　**解説**

❶ビウレット反応

❷赤紫色
❸トリペプチド以上の
ペプチドである

❹キサントプロテイン
反応

❺ア：黄　イ：橙黄
❻ベンゼン環を含むア
ミノ酸が含まれてい
る。
❼ニンヒドリン反応

❽赤紫〜青紫色
❾アミノ基をもつ。

❿黒色

⓫硫黄を含むアミノ酸
が含まれている。

● **検出反応のポイント**
  ① 調べる物質
  ② 検出反応名
  ③ 使用する試薬
  ④ 反応の判定
  をいっしょにして覚えること。

●ビウレット反応は，2つ以上のペ
プチド結合をもつトリペプチド以
上のペプチドにおいて，特有な赤
紫色の銅(II)錯体が生成されるこ
とにより呈色する。

●キサントプロテイン反応は，タン
パク質中のベンゼン環がニトロ化
されたために黄色を示す。アルカ
リ水溶液を加えて橙黄色になるこ
とを確認することで，より正確に
判断できる。

● **ニンヒドリン反応 ➡ 📝118**

●酢酸鉛(II) を加える検出反応は，
タンパク質中の硫黄元素が鉛イオ
ンと反応して生じた PbS の黒色
沈殿である。

●酢酸鉛(II) を用いた反応を硫黄
反応という場合もあるが，正式な
名称ではない。

B☐❶ 酵素が作用する物質を何というか。

B☐❷ 酵素が❶と結合する部分を何というか。

A☐❸ 1つの酵素が，ある特定の❶にしか働かないことを何というか。

B☐❹ 酵素（Enzyme）と基質（Substrate）が結合すると［ア］（ES）となり，やがて［イ］（Product）を生じる。

$$E + S \rightleftharpoons ES \longrightarrow E + P$$

C☐❺ 酵素の濃度が一定で，基質の濃度を大きくすると，酵素反応の反応速度は［ア］くなる。しかし，基質の濃度がある一定以上大きくなると反応速度は［イ］になる。

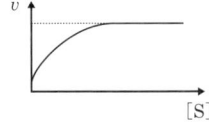

A☐❻ 酵素が作用するとき，反応速度が最大になる温度を何というか。

B☐❼ 酵素は，❻の温度より低くなると［ア］し，高くなると［イ］する。

B☐❽ 低くなった温度を❻の温度に戻すと，酵素の働きはもとに［ア］が，高くなった温度を❻の温度に戻しても，もとに［イ］。

A☐❾ 酵素が作用するとき，反応速度が最大となる pH を何というか。

B☐❿ 多くの酵素の❾はいくつか。

B☐⓫ ペプシンは，胃液に含まれる酵素である。❾はいくつか。

C☐⓬ トリプシンは胃液を中和するすい液に含まれる酵素である。❾はいくつか。

解　答

❶基質
❷活性部位（活性中心）
❸基質特異性

❹ア：酵素-基質複合体
　イ：生成物

❺ア：大き
　イ：一定

❻最適温度

❼ア：機能が低下
　イ：失活
❽ア：戻る
　イ：戻らない

❾最適 pH

❿7.0
⓫2.0
⓬8.0

解　説

● 酵素の活性部位の形と，基質の立体構造が一致したときにのみ反応が起こる。

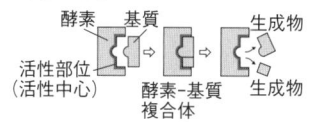

酵素　基質　　　　　生成物
活性部位　　　⇨　　　　⇨
（活性中心）　　酵素-基質　　生成物
　　　　　　　複合体

● 酵素の濃度が一定では，基質濃度が大きくなり，すべての酵素が基質と結合してしまうと，酵素-基質複合体の濃度〔ES〕が一定になるので反応速度は一定になる。

● 失活は，高温になるとタンパク質の変性によって活性部位の立体構造が変化し，基質が酵素に結合できなくなって触媒としての機能を失うために起こる。

● 最適温度と反応速度

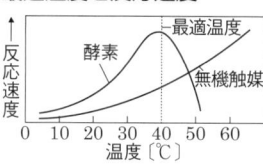

● 最適 pH と反応速度

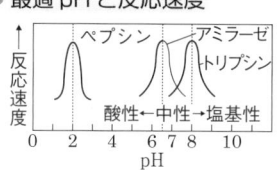

A☐❶　リン酸と糖と塩基からなる，生物の遺伝に中心的な役割を果たしている高分子を何というか。

C☐❷　図のaを何というか。

C☐❸　図のbを何というか。

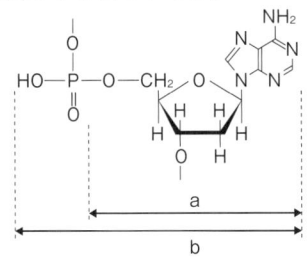

A☐❹　遺伝子の本体で遺伝情報をもつ核酸の名称と略称を答えよ。

A☐❺　❹はヌクレオチドが連なってできた2本の鎖が塩基部分で[ア]結合した[イ]構造になっている。

B☐❻　❹を構成する糖を答えよ。

A☐❼　❹を構成する4種類の塩基を答えよ。

B☐❽　アデニンと対になる塩基の名称を答えよ。

C☐❾　❽は，水素結合何本で塩基対をつくっているか。

B☐❿　グアニンと対になる塩基の名称を答えよ。

C☐⓫　❿は，水素結合何本で塩基対をつくっているか。

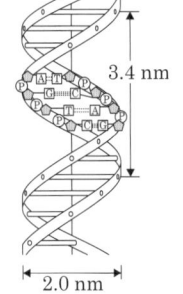

B☐⓬　❹の遺伝情報が転写され，タンパク質の合成に関わる核酸の名称と略称を答えよ。

B☐⓭　⓬を構成する糖を答えよ。

B☐⓮　⓬を構成する4つの塩基を答えよ。

B☐⓯　ウラシルと対になる塩基の名称を答えよ。

C☐⓰　❽，❿，⓯のような，塩基どうしの特異的な対合関係を[　]性という。

❶核酸

❷ヌクレオシド

❸ヌクレオチド

❹デオキシリボ核酸，
　DNA

❺ア：水素
　イ：二重らせん
❻デオキシリボース
❼アデニン（A）
　グアニン（G）
　シトシン（C）
　チミン（T）
❽チミン
❾2本
❿シトシン
⓫3本
⓬リボ核酸，
　RNA
⓭リボース
⓮アデニン（A）
　グアニン（G）
　シトシン（C）
　ウラシル（U）
⓯アデニン
⓰相補

● 核酸は遺伝子の本体で，遺伝情報をもつ。リン酸・糖（ペントース）・塩基からなるヌクレオチドと呼ばれる化合物が鎖状に重合したポリヌクレオチドである。

● 核酸には，糖にデオキシリボースをもつデオキシリボ核酸（DNA）とリボースをもつリボ核酸（RNA）の2種類がある。

● DNA は遺伝情報を伝える働きをし，RNA はその情報に従ってタンパク質を合成する。

● DNA，RNA を構成する塩基はどちらも4種類で，A・G・C の3種が共通で，残りは DNA が T，RNA が U である。

● DNA の二重らせん構造は，1953年ワトソン（米）とクリック（英）により提唱された。

● **塩基の見分け方**

　A と G は六員環と五員環からなり（プリン骨格），分子内にC＝O が A は 0 個，G は 1 個含まれる。T（U）と C は六員環からなり（ピリミジン骨格），分子内に C＝O が T（U）は 2 個，C は 1 個含まれる。また，T は −CH₃ を唯一もつ。

合成高分子化合物

B☐❶ 高分子化合物とは分子量が約 [　] を超える化合物をいう。

B☐❷ 高分子化合物は構造単位となる低分子が繰り返し結合した構造をしている。この低分子を何というか。

B☐❸ ❷が次々に結合する反応を何というか。

B☐❹ ❸によって生じる高分子化合物を何というか。

A☐❺ 二重結合や三重結合をもつ単量体の付加反応による重合を何重合というか。

○━● ＋ ○━● ⟶ ━○━●━○━●━

B☐❻ 単量体を2種類以上混ぜたときの重合を何というか。

A☐❼ 重合の際に，水などの小さな分子がとれて結合する重合を何重合というか。

○━● ＋ ☐━■ ⟶ ━○━●━☐━■━

C☐❽ 環状構造をもつ単量体が環を開きながら結びつく重合を何重合というか。

C☐❾ 石油などを原料としてつくられた合成高分子は3つに大別される。その名称を答えよ。

B☐❿ 熱を加えると軟らかくなるプラスチックを [ア]，熱を加えても軟らかくならないプラスチックを [イ] という。

C☐⓫ 重合体1分子を構成する単量体の数を何というか。

C☐⓬ 高分子化合物では⓫にばらつきがあるため分子量を表すには [ア] が用いられる。また一定の融点はなく，熱すると徐々に軟化し液化して液体になるものが多い。この軟化し始める温度を [イ] という。

C☐⓭ 一般に高分子化合物では，分子鎖が比較的規則的に配列した [ア] 部分，分子鎖が不規則に配列した [イ] 部分が入り混じった状態をとる。

解答

❶ 1万

❷単量体（モノマー）

❸重合
❹重合体（ポリマー）
❺付加重合

❻共重合

❼縮合重合（縮重合）

❽開環重合

❾合成繊維
　合成樹脂
　（プラスチック）
　合成ゴム
❿ア：熱可塑性樹脂
　イ：熱硬化性樹脂
⓫重合度
⓬ア：平均分子量
　イ：軟化点

⓭ア：結晶
　イ：非結晶（無定形，
　　　非晶質）

解説

● 高分子化合物は小さな構成単位が多数結合した構造になっているため，分子量は一定でない。そのため高分子化合物の分子量は平均分子量の意味で用いられる。

● 重合度もしばしば平均重合度の意味で用いられる。

● プラスチックは熱的な性質から熱可塑性樹脂と熱硬化性樹脂に分類される。

● 熱可塑性樹脂は，付加重合で合成されるものが多く，鎖状構造をもつ高分子化合物からなる。加熱すると軟らかくなり，いろいろな形に成形できる。

● 熱硬化性樹脂は，付加縮合で合成されるものが多く，三次元網目状構造の高分子化合物からなる。加熱しても軟らかくならない。

● 高分子化合物は固体内に結晶部分と非結晶部分が存在し，加熱すると明確な融点を示さず軟化する。

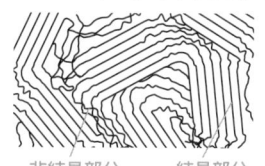

非結晶部分　　　結晶部分

B□❶　COOH 基と NH₂ 基から脱水して生じた ［ア］結合 −CO−NH− により重合した繊維を ［イ］系合成繊維という。

A□❷　ナイロン 66 は，アミンである ［ア］とカルボン酸である ［イ］が ［ウ］重合して生じる。

$$\left[\begin{array}{c} \text{N}-(\text{CH}_2)_6-\text{N}-\text{C}-(\text{CH}_2)_4-\text{C} \\ | \quad\quad\quad\quad | \quad\quad\quad\quad\quad | \\ \text{H} \quad\quad\quad\quad \text{H} \ \text{O} \quad\quad\quad\quad \text{O} \end{array}\right]_n$$

B□❸　ナイロン 66 の左の「6」は，アミンとカルボン酸のどちらの炭素数を表しているか。

B□❹　ナイロン 610 を構成するカルボン酸の示性式を答えよ。

B□❺　ナイロン 6 の単量体は何か。

B□❻　ナイロン 6 のように，環状構造が切れる重合を何というか。

$$n\,\text{CH}_2\begin{array}{c} \nearrow \text{CH}_2-\text{CH}_2-\text{N}-\text{H} \\ \\ \searrow \text{CH}_2-\text{CH}_2-\text{C}=\text{O} \end{array} \xrightarrow{\text{熱}} \left[\begin{array}{c} \text{N}-(\text{CH}_2)_5-\text{C} \\ | \quad\quad\quad\quad\quad | \\ \text{H} \quad\quad\quad\quad \text{O} \end{array}\right]_n$$

C□❼　ナイロン 6 の「6」は何の意味か。

C□❽　平均分子量 1.0×10^4 のナイロン 66 の 1 分子中には，アジピン酸が約何分子結合しているか。また，1 分子中のアミド結合はいくつあるか。繰り返し単位の式量は，$C_{12}H_{22}N_2O_2 = 226$ とする。

B□❾　芳香族のポリアミドからつくられる合成繊維を ［　］繊維という。

$$\left[\begin{array}{c} \text{O} \quad\quad \text{O} \ \text{H} \quad\quad\quad\quad \text{H} \\ || \quad\quad || \ | \quad\quad\quad\quad | \\ \text{C}-\boxed{}-\text{C}-\text{N}-\boxed{}-\text{N} \end{array}\right]_n$$

ポリ（p-フェニレンテレフタルアミド）

解　答

❶ア：アミド

　イ：ポリアミド

❷ア：ヘキサメチレン
　　　ジアミン

　　　$H_2N(CH_2)_6NH_2$

　イ：アジピン酸

　　　$HOOC(CH_2)_4COOH$

　ウ：縮合（しゅくごう）

❸アミン

❹ $HOOC(CH_2)_8COOH$

　（セバシン酸）

❺ ε-カプロラクタム（イプシロン）

❻開環重合（かいかん）

❼単量体分子の中に含
まれる炭素原子の数
を表している。

❽約44分子，
88個

❾アラミド

解　説

● 石油から得られる低分子（ていぶんし）化合物か
ら重合反応によって鎖状の高分子
化合物を合成し，繊維状にして取
り出したものを合成繊維という。

● 合成繊維は，縮合重合によるポリ
アミド系，ポリエステル系，付加（ふか）
重合によるポリビニル系，アクリ
ル系などに分類される。

● ナイロンは絹に近い感触があり，
吸水性に乏しく耐摩耗性や耐薬品
性にすぐれている。丈夫で軽く，
弾力性があり，しわになりにくい。

● ナイロン66は1935年，カロザ
ース（米）によって発明された。

● ナイロン66はナイロン6より耐
熱性にすぐれるが，その他の性能
はあまり変わらない。

● ❽：繰り返し単位1つにアジピ
ン酸1分子が含まれる。

$$\frac{1.0 \times 10^4}{226} ≒ 44 〔分子〕$$

繰り返し単位1つにアミド結合
は2つある。　$44 \times 2 = 88$〔個〕

● ❾アラミド繊維は，従来の合成
繊維よりも難燃性や耐熱性，引っ
張り強度，弾力性に優れ，消防服
や防弾チョッキに用いられる。

B☐❶ 　COOH 基と OH 基をもつ化合物から脱水して生じた [ア] 結合 −CO−O− により重合した高分子化合物を [イ] という。

A☐❷ 　ポリエチレンテレフタラートを構成する単量体は, カルボン酸が [ア], アルコールが [イ] である。

$$\left[\begin{matrix} \underset{\text{O}}{\text{C}} - \overset{}{\bigcirc} - \underset{\text{O}}{\text{C}} - \text{O} - (\text{CH}_2)_2 - \text{O} \end{matrix}\right]_n$$

A☐❸ 　ポリエチレンテレフタラートの略称を答えよ。

B☐❹ 　$CH_2=CH−$ 基を何基というか。

A☐❺ 　❹ を単量体にもつ化合物は [　] 重合して高分子化合物をつくる。

$$n \; CH_2 \underset{\underset{X}{|}}{=} CH \longrightarrow \left[\begin{matrix} CH_2 - \underset{\underset{X}{|}}{C}H \end{matrix}\right]_n$$

A☐❻ 　❺ の X が H の化合物の名称を答えよ。

A☐❼ 　❺ の X が Cl の化合物の名称を答えよ。

A☐❽ 　❺ の X が $OCOCH_3$ の化合物の名称を答えよ。

A☐❾ 　❺ の X が CN の化合物の名称を答えよ。

B☐❿ 　アクリロニトリルと塩化ビニルを重合させた繊維のように, 2 種類以上の単量体を混ぜて重合させることを何というか。

C☐⓫ 　平均分子量 9.6×10^4 のポリエチレンテレフタラート 1 分子中には, エステル結合が何個含まれているか。繰り返し単位 $C_{10}H_8O_4$ の式量は 192。

B☐⓬ 　ポリエチレンには [ア] 密度ポリエチレン (HDPE) と [イ] 密度ポリエチレン (LDPE) がある。

解 答

❶ア：エステル
　イ：ポリエステル

❷ア：テレフタル酸
　　HOOC–⟨ ⟩–COOH
　イ：エチレングリコール
　　HO(CH₂)₂OH

❸ PET
❹ビニル基
❺付加

❻ポリエチレン
❼ポリ塩化ビニル
❽ポリ酢酸ビニル
❾ポリアクリロニトリル
❿共重合

⓫ 1.0×10^3 個

⓬ア：高　イ：低

解 説

● PET は,

poly(ethylene terephthalate) の頭文字をとったもので，丈夫で炭酸ガスなどを通しにくく，紫外線（しがい）を吸収するので飲料の容器などに大量に利用されている。

● ❾：ポリアクリロニトリルを主成分とする合成繊維をアクリル繊維（せん）といい，柔軟で軽く，羊毛に似た肌触りをもつ。

● ⓫：重合度 n を求める。

$$n = \frac{9.6 \times 10^4}{192} = 5.0 \times 10^2$$

繰り返し単位1つに，エステル結合は2つ含まれる。よって，1分子中のエステル結合は，

$$5.0 \times 10^2 \times 2 = 1.0 \times 10^3 〔個〕$$

● ⓬ HDPE：高密度ポリエチレン
　　　低圧下で合成。分子に枝分かれがほとんどないので結晶構造が多く，硬く不透明。
　　LDPE：低密度ポリエチレン
　　　高圧下で合成。分子に枝分かれが多いので，非結晶構造が多く，柔らかく透明。

B□❶ 　[　]に酢酸を付加すると酢酸ビニルが生じる。

$$CH\equiv CH + CH_3COOH \longrightarrow CH_2=CH$$
$$\qquad\qquad\qquad\qquad\qquad OCOCH_3$$

B□❷ 　酢酸ビニルの［　］重合によってポリ酢酸ビニルが生じる。

B□❸ 　ポリ酢酸ビニルを NaOH 水溶液で［ア］すると，［イ］が生じる。

$$n\ CH_2=CH \longrightarrow \left[CH_2-CH\right]_n \longrightarrow \left[CH_2-CH\right]_n$$
$$\qquad OCOCH_3 \qquad\qquad OCOCH_3 \qquad\qquad OH$$

B□❹ 　ポリビニルアルコールを［　］水溶液で処理すると，一部の OH 基との間で水分子がとれる。

$$\cdots CH_2-CH-CH_2-CH-CH_2-\cdots$$
$$\qquad\quad O\ H\ O\ H\ O$$
$$\qquad\qquad\quad +$$
$$\qquad\qquad C$$
$$\qquad\quad H\qquad H$$

$$\longrightarrow \quad \cdots CH_2-CH-CH_2-CH-CH_2-\cdots$$
$$\qquad\qquad\qquad O-CH_2-O$$

B□❺ 　❹の処理を［　］化という。

A□❻ 　❹の処理で生じた高分子化合物の名称を答えよ。

C□❼ 　❻には，OH 基が残っているので［　］性があり木綿に似た性質を示す。

C□❽ 　❺によって繊維が強くなり，［　］性や耐薬品性にすぐれ，防護ネットや魚網などに使われている。

C□❾ 　なぜ，アセチレンに水を付加してビニルアルコールを合成しないのか。

C□❿ 　ビニルアルコール単位 100 個からなるポリビニルアルコールのヒドロキシ基 40％を，ホルムアルデヒドでアセタール化させた。必要なホルムアルデヒドは何個か。

❶アセチレン

●ビニロンは 1939 年，京都大学の
桜田一郎が発明した。
（さくら だ いちろう）

❷付加

●$-O-CH_2-O-$
同一の炭素原子にエーテル結合が
2 つ結合した構造をアセタール構
造という。

❸ア：けん化
　イ：ポリビニルアル
　　　コール（PVA）

　　➡ 📖109（ヘミアセタール構造）

●ビニロンは一般に，ポリビニルア
ルコールの OH 基の 30〜40% が
反応している。

❹ホルムアルデヒド

●アセチレンの酢酸付加
HC≡CH
　　↑
　H-O-C-CH₃
　　　‖
　　　O
　　　　　→ CH₂＝CH
　　　　　　　　｜
　　　　　　　　OCOCH₃

❺アセタール
❻ビニロン
❼吸湿

●アセチレンの水付加
HC≡CH　HgSO₄　[CH₂＝CH]
　　↑　　 —→　　　｜
　H-OH　　　　　　OH
　　　　　　→ CH₃-C-H
　　　　　　　　　‖
　　　　　　　　　O

❽耐摩耗
❾生じたビニルアルコ
ールは不安定で，た
だちにアセトアルデ
ヒドになるので，単
量体として使うこと
ができないから。

●❿：ビニルアルコール単位 1 つ
に OH 基は 1 個ある。OH 基 2 個
につき，HCHO は 1 個必要なので，

$$\frac{100}{2} \times \frac{40}{100} = 20 〔個〕$$

❿ 20 個

• 次の熱可塑性樹脂の名称を答えよ。

B☑❶ [ア] $\left[\text{CH}_2-\text{CH}_2\right]_n$ [イ] $\left[\begin{array}{c}\text{CH}_2-\text{CH}\\ |\\ \text{CH}_3\end{array}\right]_n$

B☑❷ [ア] $\left[\begin{array}{c}\text{CH}_2-\text{CH}\\ |\\ \text{C}_6\text{H}_5\end{array}\right]_n$ [イ] $\left[\begin{array}{c}\text{CH}_2-\text{CH}\\ |\\ \text{Cl}\end{array}\right]_n$

B☑❸ [ア] $\left[\begin{array}{c}\text{CH}_2-\text{CH}\\ |\\ \text{CN}\end{array}\right]_n$ [イ] $\left[\begin{array}{c}\text{CH}_3\\ |\\ \text{CH}_2-\text{C}\\ |\\ \text{COOCH}_3\end{array}\right]_n$

• 次の熱硬化性樹脂の名称を答えよ。

B☑❹ [ア]

[イ]

C☑❺ [ア]

[イ]

B☑❻ 単量体を重合して ❹ や ❺ [ア] を合成するとき，必要な共通の化合物は何か。

C☑❼ 熱可塑性樹脂は，[ア] 構造からなり，ポリエチレンのような [イ] 重合で合成されるものが多い。ナイロン66や PET のように [ウ] 重合で合成されるものもある。

C☑❽ 熱硬化性樹脂は，[ア] 構造からなり，フェノール樹脂や尿素樹脂，メラミン樹脂のように付加反応と縮合反応を繰り返して重合する [イ] で合成されるものが多い。

解　答

①ア：ポリエチレン
　イ：ポリプロピレン

②ア：ポリスチレン
　イ：ポリ塩化ビニル

③ア：ポリアクリロニトリル
　イ：ポリメタクリル酸メチル

④ア：フェノール樹脂（ベークライト）
　イ：尿素樹脂（ユリア樹脂）

⑤ア：メラミン樹脂
　イ：シリコーン樹脂

⑥ホルムアルデヒド

⑦ア：鎖状（繊維状）
　イ：付加
　ウ：縮合

⑧ア：三次元網目状（立体網目状）
　イ：付加縮合

解　説

● ポリ塩化ビニルは耐薬品性、耐水性にすぐれている。

● ポリスチレンを発泡させたものは発泡スチロールとも呼ばれる。

● アクリル繊維を高温にして炭化させたものを炭素繊維（カーボンファイバー）といい、軽くて強度や弾性にすぐれ、スポーツ用品や、航空機材料に使われている。

● ポリメタクリル酸メチルは光を通しやすく、有機ガラスとも呼ばれ、大型水槽などに用いられる。アクリル樹脂に分類されるが、アクリル繊維とは別物である。

● **フェノール樹脂の合成（付加縮合）**

イオン交換樹脂

テーマ 129

B☐❶ イオン交換樹脂を構成する単量体を 2 つ答えよ。

B☐❷ 重合体は何重合で重合しているか。

A☐❸ 陽イオン交換樹脂は，水溶液中の陽イオンが樹脂中の何イオンと交換されるのか。

B☐❹ 陽イオン交換樹脂がもつ官能基の化学式を答えよ。

B☐❺ NaCl 水溶液を陽イオン交換樹脂に通したときの反応式を答えよ。

$$
\begin{array}{ccc}
-CH-CH_2- & & -CH-CH_2- \\
\quad\quad & + NaCl \longrightarrow & \quad\quad + [イ] \\
SO_3{}^-H^+ & & SO_3{}^-[ア]
\end{array}
$$

A☐❻ 陰イオン交換樹脂は，水溶液中の陰イオンが樹脂中の何イオンと交換されるのか。

B☐❼ NaCl 水溶液を陰イオン交換樹脂に通したときのようすを完成せよ。

$$
\begin{array}{ccc}
-CH-CH_2- & & -CH-CH_2- \\
\quad\quad & & \quad\quad \\
CH_2 & + NaCl \longrightarrow & CH_2 \quad + [イ] \\
CH_3-N^+-CH_3 & & CH_3-N^+-CH_3 \\
CH_3OH^- & & CH_3 [ア]
\end{array}
$$

B☐❽ イオンを含む水溶液を陽イオン交換樹脂と陰イオン交換樹脂の両方に通して得られた物質は何か。

C☐❾ 使用された陽イオン交換樹脂をもとに戻すには，どのような水溶液を通せばよいか。

C☐❿ 使用された陰イオン交換樹脂をもとに戻すには，どのような水溶液を通せばよいか。

C☐⓫ 1 mol の $CuSO_4$ を含む水溶液を陽イオン交換樹脂に通すと，何 mol の H^+ が生じるか。

解　答

❶スチレン　CH=CH₂

p-ジビニ
ルベンゼ
ン

CH=CH₂

CH=CH₂

❷共重合（付加重合）
❸水素イオン H^+
❹$-SO_3H$（スルホ基）
❺ア：Na^+
　イ：HCl
❻水酸化物イオン OH^-
❼ア：Cl^-
　イ：NaOH

❽純水（脱イオン水）

❾塩酸など強酸の水溶
液
❿水酸化ナトリウム水
溶液など強塩基の水
溶液
⓫ 2 mol

解　説

● 水溶液中にあるイオンが樹脂中の H^+ や OH^- と入れかわる機能を もつ樹脂をイオン交換樹脂という。

● イオン交換樹脂は，スチレンと p-ジビニルベンゼンの共重合体 にスルホ基やアルキルアンモニウ ム基を導入したものである。

● **イオン交換樹脂の構造**
（X：酸性または塩基性の官能基）

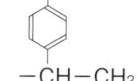

$-CH-CH_2-CH-CH_2-$

X　　　　$-CH-CH_2-$

● 陰イオン交換樹脂は，官能基に $-N^+R_3OH^-$（アルキルアンモニ ウム基）をもつ。

● **食塩水からのイオンの除去**

　　NaCl aq
　⬇　陽イオン交換樹脂
　　HCl aq
　⬇　陰イオン交換樹脂
　　H_2O（脱イオン水）

● イオン交換樹脂で陽イオンや陰イ オンを除いた水を純水（脱イオン 水）といい，研究所や工場などで 大量に使われている。

● ⓫：$2R-SO_3H + Cu^{2+}$
　　　　$\longrightarrow (R-SO_3)_2Cu + 2H^+$

第5章　高分子化合物　**269**

テーマ 130 | ゴ ム

C☐❶ ゴムノキ (ゴムの木) の傷つけた樹皮から流出する白い乳濁液を [ア] といい, これに酢酸などの凝固剤を加えて固まらせたものを [イ] という。

B☐❷ ❶[ア] に含まれる高分子化合物の名称を答えよ。

$$\begin{array}{c} \text{CH}_2 \\ \diagdown \\ \text{C}=\text{C} \\ \diagup \quad \diagdown \\ \text{H}_3\text{C} \quad\quad \text{H} \end{array} \quad \begin{array}{c} \text{CH}_2 \\ \\ \text{CH}_2 \end{array} \quad \begin{array}{c} \text{H}_3\text{C} \quad\quad \text{H} \\ \diagdown \quad \diagup \\ \text{C}=\text{C} \\ \diagup \quad\quad \diagdown \\ \quad\quad\quad \text{CH}_2 \end{array} \quad \begin{array}{c} \text{CH}_2 \\ \\ \text{CH}_2 \end{array} \quad \begin{array}{c} \text{CH}_2 \\ \diagdown \\ \text{C}=\text{C} \\ \diagup \quad \diagdown \\ \text{H}_3\text{C} \quad\quad \text{H} \end{array}$$

B☐❸ ❷を乾留すると生じる単量体の名称を答えよ。

B☐❹ 生ゴムは繰り返し単位に含まれる二重結合部分が |シス・トランス| 形になっているため, 分子全体が |丸まった, 直線状| 構造をしている。

A☐❺ 生ゴムに硫黄を数%加え, 加熱すると弾性が大きくなる。この操作を [ア] といい, 鎖状のゴム分子どうしが, 主に二重結合の部分で硫黄原子によって [イ] を生じるため起こる。

C☐❻ 生ゴムに 30〜40% の硫黄を加えると硬い物質が得られる。この物質を何というか。

• 次の合成ゴムの名称を答えよ。

A☐❼
$$\left[\text{CH}_2-\text{CH}=\text{CH}-\text{CH}_2 \right]_n$$

B☐❽
$$\left[\begin{array}{c} \text{CH}_2-\text{CH}=\text{C}-\text{CH}_2 \\ | \\ \text{Cl} \end{array} \right]_n$$

B☐❾
$$\left[\begin{array}{c} \text{CH}_2-\text{CH}=\text{CH}-\text{CH}_2-\text{CH}_2-\text{CH} \\ | \\ \bigcirc \end{array} \right]_n \cdots\cdots$$

B☐❿
$$\left[\begin{array}{c} \text{CH}_2-\text{CH}=\text{CH}-\text{CH}_2-\text{CH}_2-\text{CH} \\ | \\ \text{CN} \end{array} \right]_n$$

270

❶ア：ラテックス
　イ：生ゴム
　　　（天然ゴム）
❷ポリイソプレン

●ゴムの弾性は，C-C の単結合部分の回転により，ゴムを引っ張ると分子が伸び，止めるともとの丸まった形に戻ることで起こる。

●トランス形ポリイソプレンをグタペルカといい，分子は直線状で弾性がなく，樹脂として使われる。

❸イソプレン

$$H_2C \diagdown \diagup CH_2$$
$$C-C$$
$$H_3C \diagup \diagdown H$$

❹シス，丸まった
❺ア：加硫
　イ：架橋構造

❻エボナイト

●ゴムの加硫法は，1839 年グッドイヤー（米）によって発明された。

●加硫により化学的にも機械的にも強くなる。弾性ゴムと呼ばれる。

●合成ゴムは，耐油性，耐老化性，耐寒性，耐摩耗性などが天然ゴムよりすぐれている。

●合成ゴムの弾性は二重結合部分がシス形のものが示すので，単量体を重合させるとき，触媒を用いて選択的にシス形のものを得ている。

❼ブタジエンゴム
　（BR）
❽クロロプレンゴム
　（CR）
❾スチレン-ブタジエンゴム（SBR）
❿アクリロニトリル-ブタジエンゴム
　（NBR）

●ケイ素を含むゴムをシリコーンゴムといい，シリコーン樹脂を架橋構造
$$\begin{bmatrix} R \\ -Si-O- \\ R \end{bmatrix}_n$$
させることによりゴム弾性が与えられる。二重結合はない。耐熱性，耐寒性，耐薬品性にすぐれている。

●シリコーン樹脂は silicone，ケイ素は silicon とつづる。

第1章
第2章
第3章
第4章
第5章

用語さくいん（五十音順）

● あ行 ●

亜鉛	75,79,165
アクリル樹脂	267
アクリル繊維	263
アクリロニトリル-ブタジエンゴム	
	271
アジピン酸	261
亜硝酸アンモニウム	127
アスパラギン	245
アスパラギン酸	245
アセタール	265
アセタール構造	265
アセチル化	215,219
アセチル基	215
アセチルサリチル酸	215
アセチレン	189,265
アセテート繊維	241
アセトアニリド	219
アセトアルデヒド	189,193
アセトン	193,213
アゾ化合物	219
アゾ基	219,225
アゾ染料	219,225
圧平衡定数	93
圧力	25
アデニン	257
アニリニウムイオン	217
アニリン	217
アニリン塩酸塩	217
アニリンブラック	217
アボガドロの法則	37
アマルガム	157
アミド結合	219,261
アミノ基	217,243
アミノ酸	243
アミラーゼ	231,237
アミロース	235
アミロペクチン	235,237
アミン	217
アラニン	245
アラミド繊維	261
亜硫酸	123
亜硫酸水素ナトリウム	123
アルカリ土類金属	149
アルカリマンガン乾電池	79
アルカリ融解	213
アルギニン	245
アルキル基	179
アルキン	189
アルケン	187
アルコール	191,201
アルコール発酵	191,227
アルデヒド	193,195
アルドース	229
α-アミノ酸	243
α-グリコシド結合	231
α-グルコース	227,231,233,235
α-ヘリックス構造	249
アルマイト	155,177
アルミナ	155
アルミニウム	161
安息香酸	209,215,223
アントラセン	207
アンモニア	111,141,143
アンモニア性硝酸銀溶液	169
アンモニアソーダ法	147
硫黄	123,143,253
硫黄反応	253
イオン化傾向	155

イオン結合	13	塩化ビニル	115,189
イオン結晶	13,45	塩化ベンゼンジアゾニウム	219
イオン交換樹脂	269	塩化メチル	185
イオン交換膜法	145	塩化メチレン	185
いす形	185	塩基性	119,147
異性体	183	塩酸	117
イソプレン	271	炎色反応	145,148,181
イソロイシン	245	延性	13,165,169
一次構造	249,251	塩析	65,251
一次電池	75	塩素	143,171
一酸化炭素	133,143	塩素化	209
一酸化窒素	129,143	塩素酸カリウム	119
ε-カプロラクタム	261	エンタルピー変化	67
医薬品	211	鉛糖紙	143
陰イオン	13	エントロピー	67
陰イオン交換樹脂	269	エントロピー変化	67
引火性	221	黄鉄鉱	123
陰極	81,155	黄銅	157,177
インベルターゼ	233	黄銅鉱	165,167
ウェーラー	179	黄リン	131
ウラシル	257	オキソ酸	119
運動エネルギー	31	オクタン	185
エーテル層	221	オストワルト	129
エーロゾル	65	オストワルト法	91,129
液体	27,29	オゾン	118,143
エステル化	201,215,241,247	オゾン分解	187
エステル結合	201,263	オルト	207,211
エタノール	191,229	o-キシレン	207
エタン	185,187	o-クレゾール	211
エチルベンゼン	207	オルトリン酸	131
エチレン	193,195	オレイン酸	203
エチレングリコール	201,263	温度の定点	29
エボナイト	271		
塩化亜鉛	79	● か行 ●	
塩化アンモニウム	79,127,143	カーバイド	189
塩化カルシウム	181	カーボンファイバー	267
塩化コバルト	135	外圧	31
塩化鉄(Ⅲ)	211	外界	67
塩化ナトリウム	115,117	開環重合	259,261

会合コロイド	61	緩衝液	105
界面活性剤	205	緩衝作用	105
化学エネルギー	67	環状分子	121
化学発光	73	乾性油	203
化学平衡の状態	93	乾燥剤	131,135,141,151
化学平衡の法則	93	官能基	179
化学療法	225	還流	221
化学療法剤	225	気液平衡	31
化学ルミネッセンス	73	貴ガス	111
可逆反応	93	ギ酸	133,193
架橋構造	271	キサントプロテイン反応	253
拡散	25	基質	255
核酸	257	基質特異性	255
過酸化水素	119	希硝酸	129
加水分解	103,201,237	キセロゲル	65
活性化エネルギー	87,89	気体	27,29
活性化状態	87	気体定数	37
活性中心	255	気体の状態方程式	37
活性部位	255	キップの装置	141
活物質	75	起電力	75
果糖	229	絹	205
下方置換法	115	揮発性	117,139
ガラクトース	227,233	ギブス	151
ガラス	135,147	逆浸透法	59
カリウム	131	逆反応	91,93
加硫	271	吸湿作用	137
加硫法	271	吸湿性	125,151,265
カルシウム	151	球状タンパク質	251
カルボキシ基	197,243	吸着	65
カルボニル化合物	195	吸着剤	135
カルボニル基	195	吸熱反応	49,67,69
カルボン酸	193,197,201	キュプラ	241
過冷却	57	キュプロニッケル	177
還元剤	111,121,123,137	凝華	27,29
還元作用	123	凝固	27,29
還元反応	81	凝固点	27
還元漂白剤	123	凝固点降下	57
感光性	117,169	凝固点降下度	57
環式炭化水素	179	凝固熱	57

強酸性	123
共重合	259,263,269
凝縮	27,29
凝析	63,65
凝析力	63
鏡像異性体	183,199,243
共通イオン効果	109
強綿薬	241
共有結合	13,21,23,135,179
共有結合結晶	13,23,135
極限半径比	19
極性分子	45
極性溶媒	45
銀鏡反応	195,197,227,231
金属結合	13
金属結晶	13
金属光沢	13,135
グアニン	257
クーロン	83
クーロン力	13,21
グタペルカ	271
クメンヒドロペルオキシド	213
クメン法	195,213
グリコーゲン	237
グリコシド結合	231
グリシン	243,245
グリセリン	203
グルコース	233,237
グルタミン	245
グルタミン酸	245
クロム酸銀	169
クロロ化	209
クロロプレンゴム	271
クロロベンゼン	209,213
クロロホルム	185,221
クロロメタン	185
系	67
ケイ酸	135
ケイ酸塩	135
ケイ酸塩工業	135
ケイ酸ナトリウム	135
ケイ素	23,135
結合エネルギー	69
結合エンタルピー	69
結晶部分	259
ケトース	229
ケトン	195
解熱鎮痛剤	215,219
ゲル	61
ケルビン	33
けん化	201,203,205,265
限外顕微鏡	61
限界半径比	19
原子	13
元素分析	181
懸濁液	61
五員環	229
銅	163
光化学反応	73
硬化油	203
高級アルコール	191
高級脂肪酸	203
合金	177
光合成	133
高次構造	251
硬水	149,205
合成ガス	111,133,191
合成ゴム	259,271
合成樹脂	259
合成繊維	259,261
合成洗剤	205
合成染料	225
抗生物質	225
硬セッコウ	151
酵素-基質複合体	255
構造異性体	183
高度さらし粉	115,117
高分子化合物	259

高密度ポリエチレン	263
コークス	161,163
黒鉛	23,133
五酸化二リン	131
固体	27,29
固体の溶解度	49
五炭糖	227
ゴム状硫黄	121
コロイド	61
コロイド溶液	61
コロイド粒子	63

● さ行 ●

再結晶	49
再結晶法	49
再生繊維	241
最適温度	255
最適 pH	255
細胞膜	59
錯塩	159
酢酸	193
酢酸エチル	201
酢酸カルシウム	195
酢酸ナトリウム	185
酢酸鉛(Ⅱ)	253
酢酸ビニル	189
鎖式炭化水素	179
鎖状構造	227,229,259,267
殺菌	115,119
殺菌剤	211
砂糖	233
錆	177
さらし粉	117
サリチル酸	215
サリチル酸ナトリウム	215
サリチル酸メチル	215
サルバルサン	225
サルファ剤	225
酸	119

酸化アルミニウム	155
酸化還元反応	75
酸化銀	169
酸化銀電池	79
酸化剤	123,125,129,137
酸化作用	125
酸化的開裂	187
酸化鉄(Ⅱ)	161
酸化鉄(Ⅲ)	161
酸化銅(Ⅰ)	195
酸化銅(Ⅱ)	165
酸化鉛(Ⅳ)	77
酸化バナジウム(Ⅴ)	91,125
酸化反応	81
酸化被膜	129,161
酸化漂白剤	123
酸化マンガン(Ⅳ)	79
三酸化硫黄	125
三次元網目状構造	259,267
三次構造	251
三重結合	189
三重点	29
酸性	119,153
酸素	79,143
酸性の気体	141
酸素アセチレン炎	189
酸無水物	197,199
三ヨウ化物イオン	113
散乱	61
次亜塩素酸	115
ジアセチルセルロース	241
ジアゾ化	219
ジアゾカップリング	219
ジアゾニウム塩	219
ジアンミン銀(Ⅰ)イオン	159,169
ジエチルエーテル	193,221
四塩化炭素	185,221
紫外線	119
シクロヘキサン	209

ジクロロメタン	185	ジュラルミン	155,177
刺激臭	115,117,127	純水	269
四酸化三鉄	91,161	純銅	165,167
磁石	161	純溶媒	57
シス形	159,183,203	消炎鎮痛剤	215
システイン	245	昇華	27,29
シス-トランス異性体	183	昇華性	13
ジスルフィド結合	251	昇華圧曲線	29
磁性	161	蒸気圧	31
示性式	181	蒸気圧曲線	29,31
失活	251,255	蒸気圧降下	55
実在気体	43	硝酸	139
質量パーセント濃度	47	硝酸エステル	201
質量モル濃度	47,55,57	消石灰	151
シトシン	257	状態変化	27
ジニトロセルロース	239	消毒	115,211
ジペプチド	249	鍾乳洞	151
脂肪	203	蒸発	27,29
脂肪酸	197	蒸発エンタルピー	69
脂肪族化合物	170	蒸発熱	21,27
脂肪油	203	上方置換法	127,141
弱塩基遊離	223	触媒	91,125,137
弱酸	117,123	ショ糖	233
弱酸遊離	223	助燃性	143
弱綿薬	241	シリカゲル	135
斜方硫黄	121	シリコーンゴム	271
シャルルの法則	33	シリコーン樹脂	267
重過リン酸石灰	131	真空	25
重合	259	親水基	45
重合体	259	親水コロイド	65,251
重合度	259	親水性	205
十酸化四リン	131,141	真ちゅう	157,177
集積回路	135	浸透	59
臭素	113	浸透圧	59
重曹	147	真の溶液	61
自由電子	13	水酸化アルミニウム	153
縮合重合	201,259,261,267	水酸化カルシウム	127,151
縮合反応	193	水酸化鉄(Ⅲ)	63,161
縮重合	259	水酸化銅(Ⅱ)	165

用語さくいん（五十音順）　277

水上置換法	111,141
水性ガス	111,133,191
水素	79,123,161
水素イオン指数	99
水素結合	21,29,45,117,191,
	197,235,249,257
水和	45
スクラーゼ	233
スクロース	233
スズ	165
スチレン	207,269
スチレン-ブタジエンゴム	271
ステアリン酸	203
ステンレス鋼	161,171,177
ストレプトマイシン	225
スラグ	163
スルホ基	269
スルホン化	209
正極	75,77,81
生成エンタルピー	69
生成物	67,71,73,95,255
生石灰	141,151
静電気的な引力	13,45
青銅	157,177
正反応	91,93
生物発光	73
脆綿薬	241
生理作用	199
製錬	163
析出速度	49
石油	145
石油ナフサ	187
赤リン	131
石灰岩	151
石灰水	151
石灰石	133
セッケン	147,205
セッコウ	151
接触法	91,125
絶対温度	33,35,55,57,59
絶対零度	33
セメント	135,163
セリン	245
セルシウス温度	55,57
セルラーゼ	231,239
セルロース	231,239
セロハン膜	59
セロビアーゼ	231,239
セロビオース	239
遷移元素	157
繊維状構造	267
遷移状態	87
繊維状タンパク質	251
旋光性	199
潜水病	53
銑鉄	163
染料	211,219
造影剤	149
双性イオン	247
総熱量保存の法則	71
相補性	257
ソーダ石灰	141,181
疎水基	45
疎水コロイド	63
疎水性	205
組成式	181
粗銅	165,167
ゾル	61
ソルベー法	147

● た行 ●

第一級アルコール	191,193
大気圧	31
第三級アルコール	191,193
対症療法薬	225
体心立方格子	23
耐性菌	225
第二級アルコール	191,193

耐摩耗	265
ダイヤモンド	23,133
太陽電池	79
大理石	151
脱イオン水	269
脱水作用	125,137
脱水縮合反応	201
脱離反応	193
炭化カルシウム	189
炭化水素	179
炭化水素基	179
単結合	185,207
単原子分子	111
炭酸カルシウム	133,143,151
炭酸水	133
炭酸水素カルシウム	151
炭酸水素ナトリウム	147
炭酸ナトリウム	147
単斜硫黄	121
単純タンパク質	251
炭水化物	227
弾性ゴム	271
炭素	79
炭素繊維	267
タンパク質	243,249
単量体	259
置換反応	185,209
窒素	131
チミン	257
抽出	221
中性洗剤	205
中性の気体	141
中和エンタルピー	69
潮解	145
潮解性	151
超臨界状態	29
直線形	159
チロシン	245
チンダル現象	61,65

沈殿	167
低密度ポリエチレン	263
デオキシリボース	257
デオキシリボ核酸	257
デカン	185
デキストリン	237
鉄	127,161,209
鉄系触媒	91
鉄鉱石	161
テトラアンミン亜鉛(Ⅱ)イオン	159
テトラアンミン銅(Ⅱ)イオン	
	159,165
テトラクロロメタン	185
テトラヒドロキシドアルミン酸イ	
オン	159
テルミット反応	155
テレフタル酸	263
電位差	75
電解	81
電解質	45
電解精錬	165,167
転化糖	233
電気泳動	63,65,247
電気伝導性	169
電気分解	81
電気分解の法則	83
電球	111
電気量	83
典型元素	157
展性	13,165,169
電池	75
天然ゴム	271
天然染料	225
デンプン	235
デンプン粒	235
電離	45
電離平衡	99,105
銅	75,165
銅アンモニアレーヨン	241

陶磁器	135
陶磁器の型	151
透析	61,65
同族体	185
同素体	119,121,131,133
等電点	247
灯油	145
糖類	227
トタン	157,177
トランス形	159,183
トリアセチルセルロース	241
トリグリセリド	203
トリクロロメタン	185
トリチェリーの真空	25
トリニトロセルロース	239
トリプトファン	245
トリペプチド	249
トルエン	207
ドルトンの分圧の法則	39
トレオニン	245
トレハロース	233

● な行 ●

ナイロン	261
ナイロン6	260
ナイロン66	261
ナトリウムアルコキシド	193
ナトリウムエトキシド	193
ナトリウムフェノキシド	211,213
ナフタレン	207
生ゴム	271
鉛	77
鉛蓄電池	123
軟化	259
軟化点	259
軟水	149
ニクロム	171,177
二原子分子	113,127
二酸化硫黄	121,125,143

二酸化ケイ素	23,117,135
二酸化炭素	133,143
二酸化窒素	129,143
二次構造	249,251
二次電池	77
二重結合	187,207
二重らせん構造	257
ニッケル	165
ニッケル・水素電池	79
ニトロ化	209,241
ニトロベンゼン	209
乳化	205
乳酸	183
乳濁液	61,205
尿素	179
尿素樹脂	267
二硫化炭素	131
二量体	45,197
ニンヒドリン反応	247,253
ヌクレオシド	257
ヌクレオチド	257
ネオンサイン	111
熱	67
熱運動	21,25,53,61
熱エネルギー	27
熱可塑性樹脂	259
熱硬化性樹脂	259
熱伝導性	169
熱変性	251
燃焼エンタルピー	69
燃料電池	111
濃塩酸	117
濃硝酸	129
濃硫酸	123,127,137,141
ノナン	185

● は行 ●

ハーバー・ボッシュ法	91,127,147
配位結合	159

配位子	159	ビスコースレーヨン	241
配位数	159	ヒスチジン	245
バイヤー法	155	必須アミノ酸	243
麦芽糖	231	非電解質	45
白色ゲル状沈殿	153	ヒドロキシ基	135,191,211
白銅	177	ヒドロキシ酸	199
パスカル	25	ビニルアルコール	189
発煙硫酸	125	ビニル基	263
白金	79,91,129	ビニロン	265
発熱剤	151	比熱	27
発熱反応	67,69	氷酢酸	197
パラ	207,211	氷晶石	155
p-ジビニルベンゼン	269	漂白	115,119
p-ヒドロキシアゾベンゼン	219	漂白剤	115,123
p-フェニルアゾフェノール	219	表面張力	205
バリウム	149	ピラノース	229
バリン	245	肥料の三要素	131
パルミチン酸	203	ピロリン酸	131
ハロゲン	113	ファラデー定数	83
半乾性油	203	ファンデルワールス定数	43
半合成繊維	241	ファンデルワールスの状態方程式	
はんだ	177		43
半導体	135	ファンデルワールス力	21,23
半透膜	59	ファントホッフ	59
反応エンタルピー	67,87	ファントホッフの法則	59
反応次数	89	風解	147
反応速度	86	フェーリング液の還元	197
反応速度式	89	フェニルアラニン	245
反応速度定数	89	フェノール	195,211,219,221
反応熱	67	フェノール樹脂	211,267
反応物	67,71,73,95	不可逆反応	93
ビウレット反応	253	付加重合	187,259,261,263,
光触媒	73		265,267,269
ピクリン酸	211	付加縮合	267
非結晶	259	不活性	127
非結晶部分	259	付加反応	187,203,209
飛行船	111	不乾性油	203
非晶質	259	不揮発性	117,125,139
ビスコース	241	負極	75,77,81

複塩	153
複合タンパク質	251
副作用	225
ふくらし粉	147
不斉炭素原子	183,199,243
ブタジエンゴム	271
フタル酸	209,215
ブタン	185
フッ化カルシウム	117
フッ化水素	117
フッ化水素酸	117,135
物質 1 mol あたりのエントロピー	
	69
物質の三態	27
フッ素	113
沸点	27,31
沸点上昇	55
沸騰	31
沸騰石	221
不動態	129,153,155,161,171
ブドウ糖	227
舟形	185
不飽和炭化水素	179
フマル酸	199
ブラウン運動	61,65
ブラス	157,177
プラスチック	259
フラノース	229
腐卵臭	121
フリーズドライ	29
ブリキ	157,177
フルクトース	233
プロパン	185
プロペン	195
プロリン	245
ブロンズ	157,177
プロントジル	225
分圧の法則	39
分液漏斗	221

分散系	61
分散コロイド	61
分散質	61
分散媒	61
分子	13
分子間力	13,21,43
分子結晶	13,21
分子コロイド	61
分子式	181,183
平均重合度	259
平均分子量	39,259
平衡移動の原理	97
平衡状態	29,93
ベーキングパウダー	147
ベークライト	267
β-グルコース	227,231,239
β-シート構造	249
β-フルクトース	233
ヘキサシアニド鉄(Ⅱ)酸イオン	
	159
ヘキサシアニド鉄(Ⅲ)酸カリウム	
	159
ヘキサフルオロケイ酸	117
ヘキサメチレンジアミン	261
ヘキサン	185,221
ヘキソース	227
ヘスの法則	71
ペニシリン	225
ヘプタン	185
ペプチド	249
ペプチド結合	249
ヘミアセタール構造	229,231
変性	251
ベンゼン	45,189,221
ベンゼン環	207,253
ベンゼンスルホン酸	209,213
ベンゼンスルホン酸ナトリウム	213
ペンタン	185
ペントース	227

ヘンリーの法則	53
ボイル・シャルルの法則	35
ボイルの法則	33
芳香	201
芳香族アミン	217
芳香族化合物	179
芳香族カルボン酸	215
芳香族炭化水素	179,207
飽和蒸気圧	31
飽和炭化水素	179
飽和溶液	49
ボーキサイト	155
ホール・エルー法	155
保護コロイド	65
ポリアクリロニトリル	263,267
ポリアミド系合成洗剤	261
ポリイソプレン	271
ポリエステル	201,263
ポリエチレン	187,263,267
ポリエチレンテレフタラート	201
ポリエチレン容器	117
ポリ塩化ビニル	187,263,267
ポリ酢酸ビニル	263
ポリスチレン	267
ポリヌクレオチド	257
ポリビニルアルコール	265
ポリプロピレン	267
ポリペプチド	249
ポリマー	259
ポリメタクリル酸メチル	267
ホルマリン	195
ホルミル基	195,197,227
ホルムアルデヒド	193,195,265,267

● ま行 ●

マルターゼ	231,237
マルトース	237
マレイン酸	199
マンガン鋼	171

水	45
水ガラス	135
水のイオン積	99
ミセル	61,205
ミセルコロイド	61
密度	47
ミョウバン	63,153
無鉛はんだ	177
無機化合物	179
無極性分子	45
無極性溶媒	45
無水酢酸	197
無水フタル酸	209,215
無水物	51
無水マレイン酸	199,209
無声放電	119
無定形	259
メスフラスコ	47
メタ	207
メタノール	111,133,191,195
メタリン酸	131
メタン	185
メチオニン	245
メチルオレンジ	219
めっき	177
メラミン樹脂	267
面心立方格子	17,21,23
モノマー	259
モル濃度	47,59
モル沸点上昇	55

● や行 ●

焼きセッコウ	151
融解	13,27,29
融解エンタルピー	69
融解塩電解	145,155
融解曲線	29
融解熱	21,27
有機化合物	179

有機溶媒	201
融雪剤	151
融点	27
ユリア樹脂	267
陽イオン	13
陽イオン交換樹脂	269
陽イオン交換膜	145
溶液	45,47,57
溶解	45,123
溶解エンタルピー	69
溶解速度	49
溶解度	49
溶解度曲線	49
溶解度積	109
溶解熱	123
溶解平衡	49,109
ヨウ化カリウム	237
窯業	135
陽極	81
陽極泥	167
洋銀	177
溶質	45,47
ヨウ素	119
ヨウ素液	113
ヨウ素デンプン反応	113,143,237
ヨウ素溶液	113
ヨードホルム反応	194
溶媒	45,47,57
溶媒和	45
羊毛	205
溶融塩電解	145,155
四次構造	251

● ら行 ●

ラセミ体	199
らせん構造	235,237
ラテックス	271
リシン	245
理想気体	37,43
リチウムイオン電池	79
リチウム電池	79
立体網目状構造	267
立体異性体	183
立体構造	251
リノール酸	203
リノレン酸	203
リボース	257
リボ核酸	257
硫化銀	169
硫化水素	141,143
硫化鉄（Ⅱ）	121
硫化銅（Ⅱ）	165
硫化鉛（Ⅱ）	143
硫酸エステル	201
硫酸鉛（Ⅱ）	77
両性化合物	243,247
両性金属	153,157
両性酸化物	119,153
両性水酸化物	153
リン	131
臨界点	29
リン鉱石	131
リン酸	131
リン酸カルシウム	131
ルシャトリエの原理	97
冷却剤	127
冷水	123
レーヨン	241
ロイシン	245
六員環	229
緑青	165
六炭糖	227

用語さくいん（英数字順）

$1.013×10^5$Pa	25
1,1,2,2-テトラブロモエタン	
1,2,3,4,5,6-ヘキサクロロシクロヘ	
キサン	209
1,2-ジブロモエタン	187
1,2-ジブロモエチレン	189
1-ナフトール	211
1-ブタノール	191
2,4,6-トリニトロフェノール	211
2,4,6-トリブロモフェノール	211
22.4L	37
2-ナフトール	211
2-ブタノール	191
2-メチル-2-プロパノール	191
760mmHg	25
〔A〕	83
AgF	169
$[Ag(NH_3)_2]^+$	169
$AgNO_3$	169
Ag_2CrO_4	169
Ag_2O	169
Ag_2S	169
Al	153,161
$AlCl_3$	63
$AlK(SO_4)_2·12H_2O$	63
$Al(OH)_3$	153
Al_2O_3	153,155
aq	69
Ar	111
At	113
〔atm〕	24
Br	113
BR	271
Br_2	113
〔℃〕	55
〔C〕	83
CCl_4	221
$CHCl_3$	221
CHO 基	227
$CH_2=CH_2$	193,195
$CH_2=CH-CH_3$	195
$CH_2=CHCl$	189
$CH_2=CHOCOCH_3$	189
$CH_2=CHOH$	189
CH_2Br-CH_2Br	187
CH_3-CH_3	187
CH_3CHO	189
CH_3CO-	215
CH_3COONa	185
$(CH_3COO)_2Ca$	195
CH_3OH	191,195
CH_4	185
CO	137,143,179
$CO(NH_2)_2$	179
$-COO-$	181,201
$-COOH$	181,197
CO_2	69,133,139,143,179,181
CS_2	131
C_2H_2	189
$C_2H_5OC_2H_5$	193,221
C_2H_5OH	191
C_2H_6	185
$C_3H_6O_3$	183
C_3H_8	185
C_4H_{10}	185
C_5H_{12}	185
C_6H_5OH	211
C_6H_6	189,207,221
$[C_6H_7O_2(OH)(ONO_2)_2]_n$	239
$[C_6H_7O_2(OH)_3]_n$	241

$(C_6H_{10}O_5)_n$	237
$C_6H_{12}O_6$	227
C_6H_{14}	185,221
C_7H_{16}	185
C_8H_{18}	185
C_9H_{20}	185
$C_{10}H_8$	207
$C_{10}H_{22}$	185
$C_{12}H_{22}O_{11}$	231,233
C_nH_{2n-2}	189
C_nH_{2n}	185,187
C_nH_{2n+2}	185
Cl	113
Cl_2	137,139
$CoCl_2$	135
$CaCO_3$	133,143,151,179,195
CaC_2	189
$CaCl(ClO) \cdot H_2O$	117
$CaCl_2$	127,141,181
$Ca(ClO)_2 \cdot 2H_2O$	115,117
CaF_2	117
$Ca(HCO_3)_2$	143,151
$Ca(OH)_2$	127,151
$Ca_3(PO_4)_2$	131
CR	271
Cu	75,157
$CuCO_3 \cdot Cu(OH)_2$	165
$CuFeS_2$	167
CuO	165
CuS	165
$CuSO_4 \cdot 3Cu(OH)_2$	165
Cu_2S	167
DNA	257
F	113
Fe	157
$FeCl_3$	211
FeO	161
$Fe(OH)_2$	161
FeS	121
$FeSO_4$	121
FeS_2	123
Fe_2O_3	161,163
Fe_3O_4	91,161,163
HCHO	195
HCl	139
HClO	115
HCOOH	133
HF	135,139
HNO_3	139
$HO(CH_2)_2OH$	263
$HOOC(CH_2)_4COOH$	261
$HOOC(CH_2)_8COOH$	261
$(HPO_3)_n$	131
H_2	79,111,123,137,161
$H_2N(CH_2)_6NH_2$	261
H_2S	139,141,143
H_2SiF_6	135
H_2SiO_3	135
H_2SO_3	123
H_2SO_4	123
H_3PO_4	131
$H_4P_2O_7$	131
He	111
I	113
I_2	113,119
[K]	33,35,55,59
[kJ]	69
[kJ/mol]	69
Kr	111
L型	243
Mg	149
MnO_2	79,171
[mol/kg]	47
[mol/L]	47
NH_3	139,143
NH_4Cl	79,127,143
NH_4NO_2	127
NO	129,137,143

286

NO_2	129,137,143	$PbSO_4$	77
$-N^+R_3OH^-$	269	PET	201,263
N_2	137	pH	99
$-N=N-$	219	Pt	79,91
N_2O	129	PVA	265
N_2O_3	129	$R-$	179
N_2O_4	129	RCHO	195
N_2O_5	129	RCOOH	197
NaCl	69,117	RCOR´	195
$NaHCO_3$	147	Rn	111
$NaHSO_3$	123	RNA	257
Na_2SiO_3	135	S	123,143
$Na_3[Ag(S_2O_3)_2]$	169	SBR	271
Na_3AlF_6	155	SO_2	121,123,125,137,139,143
Na_3PO_4	63	SO_3	123
NBR	271	$-SO_3H$	269
Ne	111	$SO_4{}^{2-}$	77,123
$-OH$	135	$-S-S-$	251
O_2	69,79,137	S_8	121
O_3	143	SiO_2	117,119
P_2O_5	131	Sn	153,157
P_4	131	V_2O_5	91,125
P_4O_{10}	127,131,141	X線	149
[Pa]	25	Xe	111
Pb	77,153	Zn	75,79,153,157
PbO_2	77	$ZnCl_2$	79
PbS	143		

西村　能一（にしむら　よしかず）

　横浜生まれの横浜育ち。7年間の私立高校教諭勤務を経て、現在、駿台予備学校講師。関東地区を中心に多くの校舎に出講し、映像授業も担当。毎年多くの受験生を合格に導いている。

　化学現象が楽しく理解できる解説と、生徒が復習しやすい板書で高い評価を受ける。受講生から「化学が好きになった♪」と言われることを生きがいとし、授業や執筆を精力的にこなす多忙な日々を送っている。

　著書に、『改訂版　化学基礎早わかり　一問一答』のほか、『大学入試　化学反応のしくみが面白いほどわかる本』『直前30日で9割とれる　西村能一の　共通テスト化学基礎』『科学の名著50冊が1冊でざっと学べる』（以上、KADOKAWA）、共著書として、『ここで差がつく　有機化合物の構造決定問題の要点・演習』（KADOKAWA）、『化学頻出！スタンダード問題230選』（駿台文庫）がある。

だいがくごうかくしんしょ
大学合格新書
かいていばん　かがくはやわかり　いちもんいっとう
改訂版　化学早わかり　一問一答

2023年4月7日　初版発行
2024年5月10日　4版発行

著者／西村　能一
にしむら　よしかず

発行者／山下　直久

発行／株式会社KADOKAWA
〒102-8177　東京都千代田区富士見2-13-3
電話 0570-002-301（ナビダイヤル）

印刷所／大日本印刷株式会社
製本所／大日本印刷株式会社